HERMANN SCHMIDT · DIE INVERSION UND IHRE ANWENDUNGEN

DIE INVERSION
UND
IHRE ANWENDUNGEN

von

HERMANN SCHMIDT

MIT 102 ABBILDUNGEN

VERLAG VON R. OLDENBOURG
MÜNCHEN 1950

VORWORT

Ein Blick in das Inhaltsverzeichnis beweist, welch weitgespannten Rahmen die Inversion mit ihren Anwendungen umschließt. In der Geometrie der Ebene und des Raumes, im Beweis geometrischer Lehrsätze wie bei der Lösung geometrischer Konstruktionsaufgaben, in der Theorie der höheren Kurven sowohl wie bei der Untersuchung gewisser Raumgebilde, in der Physik wie in der Technik hat sie sich in ihrer grundsätzlichen Einfachheit als fruchtbarstes Prinzip erwiesen. Die vorliegende Monographie hofft, indem sie eine Lücke in der mathematischen Literatur zu schließen glaubt, die Anregung dazu zu geben, daß dem Geltungsbereich der Inversion zu den wenigen Beispielen, die wir geben konnten, weitere Anwendungsmöglichkeiten erschlossen werden.

Wiesbaden, August 1949   Der Verfasser

INHALTSVERZEICHNIS

A. DIE INVERSION IN DER EBENE

I. THEORIE DER INVERSION

1. Begriff. Liegt auf einer Geraden außer einem festen Punkt O ein beweg-
liches Punktepaar P, P' so, daß das Produkt $OP \cdot OP'$ einen konstanten Wert r^2
hat, so sagt man, P und P' seien zueinander invers bezüglich O als Pol
oder Zentrum und r^2 als Potenz der Inversion. Setzt man in der Gleichung

$$OP \cdot OP' == r^2 \text{ die Konstante } r^2 \text{ gleich } 1 \text{ und schreibt } OP = \frac{1}{OP'}, \; OP' = \frac{1}{OP},$$

so erkennt man, daß die Strecken oder Radien OP und OP' zueinander
reziprok sind. Das Abbildungsverfahren der Inversion, das zuerst 1834 von
Plücker entdeckt wurde, ist danach
von Liouville (Journ. d. Math. 1.
Série, T. XII, p. 265) das *Prinzip
der reziproken Radien* genannt
worden.

Liegen P und P' (P'') auf derselben
Seite von O (auf demselben Halb-

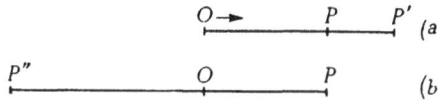

Abb. 1

strahl), so sprechen wir von *hyperbolischer* Inversion (Abb. 1a), liegen sie auf verschiedenen Seiten von O (auf entgegengesetzten Halbstrahlen), von *elliptischer*
Inversion (Abb. 1b). Im ersten Falle setzen wir die Potenz positiv: $OP \cdot OP'$
$= + r^2$, im zweiten Falle negativ: $OP \cdot OP'' = - r^2$. Einer *parabolischen*
Inversion wäre die Potenz Null zuzuordnen. Ihre praktische Verwendung
scheidet jedoch aus, da bei ihr der Pol O selber zu jedem Punkt der Ebene invers
wäre. Die elliptische geht aus der hyperbolischen Inversion einfach dadurch
hervor, daß man einen der beiden Radien OP oder OP' um O um 180^0 dreht.
*Falls keine besondere Festsetzung getroffen wird, verstehen wir unter Inversion
schlechthin die hyperbolische Inversion.*
Die Inversion ist eine wechselseitige Abbildung: Ist P' das inverse Bild zu P,
so ist umgekehrt auch P das Bild von P'. Ein
Punkt ist in den andern invertiert worden oder
ein Punkt ist die Inverse des anderen. Man
spricht auch von P und P' als konjugierten
Punkten, und endlich sagt man zuweilen,
einer sei das Spiegelbild des anderen. Den
Grund hierzu liefert folgende kurze Betrachtung (Abb. 2).

Ist $OA = r$ und P, P' ein inverses Punktepaar der Inversion $+ r^2$ mit dem Zentrum O,
so ist, wenn ich $PA = a$ und $AP' = b$
setze,

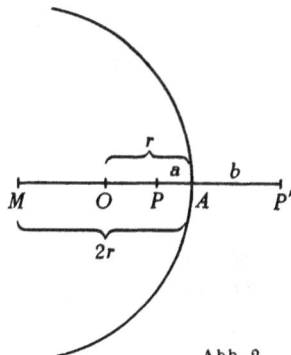

Abb. 2

$$(r - a)(r + b) = r^2$$
$$r^2 + br - ar - ab = r^2$$
$$br - ar = ab.$$

Geteilt durch $a\,b\,r$:

$$\frac{1}{a} - \frac{1}{b} = \frac{1}{r}.$$

Diese Gleichung stellt aber die Spiegelung an einem Kugelspiegel dar. Nach ihr sind P und P' Spiegelbilder bezüglich eines Spiegels mit dem Scheitel A und dem Kugelradius $MA = 2\,r$.

Aus der Gleichung $OP \cdot OP' = r^2$ geht hervor, daß $OP < r$, wenn $OP' > r$ und umgekehrt. Nur für $OP = r$ wird auch $OP' = r$, d. h. P und P' fallen in diesem Falle zusammen.

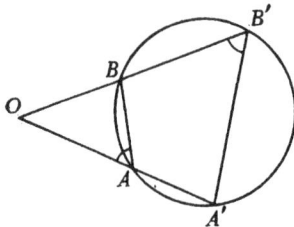

Sind (Abb. 3) A und A' bzw. B und B' zwei inverse Punktepaare, so folgt aus den Gleichungen

$$OA \cdot OA' = r^2$$
$$\underline{OB \cdot OB' = r^2}$$
$$OA \cdot OA' = OB \cdot OB',$$

Abb. 3

d. h. A, A', B, B' sind Ecken eines Sehnenvierecks. Schreibt man die letzte Gleichung um zur Proportion $OA : OB = OB' : OA'$, so erkennt man die Ähnlichkeit der Dreiecke OAB und $OB'A'$. Danach ist $\sphericalangle\,OAB = \sphericalangle\,OB'A'$, d. h. AB ist eine sog. *Antiparallele* zu $A'B'$. Ist sonach die Inversion durch ihr Zentrum O und ein Punktepaar AA' festgelegt, so ist zu einem Punkte B der inverse B' leicht durch Zeichnung der Antiparallelen zu AB oder des Kreises BAA' zu erhalten.

2. *Der Inversionskreis.* Um eine inverse Abbildung bequemer zeichnen und ihre Gesetzmäßigkeiten anschaulicher ableiten zu können, hat man als Träger der Inversion den Inversionskreis eingeführt, der um das Inversionszentrum O mit dem Radius r beschrieben wird. Zu einem im Innern des Kreises $O\,(r)$ gelegenen Punkt P erhalte ich (Abb. 4) den inversen P', indem ich auf dem durch P gehenden Durchmesser AB in P das Lot PT errichte und in T die Tangente ziehe, die die Verlängerung des Durchmessers in P' schneidet. Umgekehrt finde ich zu einem außerhalb $O\,(r)$ gelegenen Punkt P' den inversen P, indem ich von P' die Tangenten $P'T$ und $P'T$ ziehe und die Berührungssehne TT' mit OP' in P zum Schnitt bringe. Der Lehrsatz des Euklid, angewandt auf das rechtwinklige Dreieck OTP', liefert sofort den Beweis für die Richtigkeit dieser Konstruktion:

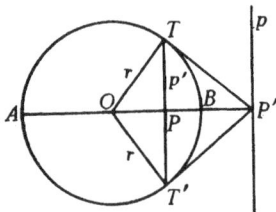

Abb. 4

$$OT^2 = OP \cdot OP' \quad \text{und} \quad OP \cdot OP' = r^2.$$

Die letztere Gleichung, als Proportion geschrieben, ergibt weiter:

$$r : OP = OP' : r$$
$$(r + OP) : (r - OP) = (OP' + r) : (OP' - r)$$
$$AP : PB = AP' : BP',$$

d. h. *zwei inverse Punkte und die Schnittpunkte ihrer Verbindungslinie mit dem Inversionskreis bilden einen harmonischen Wurf.*

Da wir später seiner bedürfen, sei hier noch folgender Satz erwähnt: Sind A, B, P und P' zwei harmonische Punktepaare und ist O die Mitte von AB, so ist $OA^2 = OB^2 = OP \cdot OP'$. Zum Beweis braucht man nur AB als Durchmesser eines Inversionskreises und PP' als inverses Punktepaar aufzufassen.

Man erkennt aus der Abbildung weiter den Zusammenhang der Inversion mit der *Polarentheorie*. Da die Berührungssehne TT' die Polare p' des Punktes P' ist und umgekehrt die Polare p zu P auf OP' in P' senkrecht steht, können wir sagen:

Die Inverse zu einem Punkt ist der Fußpunkt des Lotes, das man vom Inversionszentrum auf die Polare des Punktes fällen kann.

Zwei inverse Punkte sind also im allgemeinen durch den Umfang des Inversionskreises voneinander getrennt. Je weiter der innere Punkt P nach außen rückt, um so mehr nähert sich ihm sein inverser äußerer: Die Punkte des Inversionskreises sind bei hyperbolischer Inversion zu sich selbst invers; bei elliptischer Inversion geht ein Umfangspunkt in seinen Gegenpunkt auf dem Kreise über. Rückt der innere Punkt dem Zentrum zu, so entfernt sich sein inverser immer weiter nach außen: Zu dem Inversionszentrum O, dem Pol, ist die Gesamtheit der unendlich fernen Punkte der Ebene invers.

3. Inversion des Punktepaares. Sind AA' bzw. BB' zwei inverse Punktepaare (Abb. 3), so folgt aus der Ähnlichkeit der Dreiecke OAB und $OB'A'$:

$$\frac{A'B'}{AB} = \frac{OA'}{OB} = \frac{OA' \cdot OA}{OB \cdot OA} = \frac{r^2}{OA \cdot OB}$$
$$A'B' = AB \cdot \frac{r^2}{OA \cdot OB}.$$

Diese Gleichung stellt mir also die Abstandsbeziehung zwischen zwei inversen Punkten dar; man beachte indessen: A' ist zwar das Bild von A, B' dasjenige von B, aber die Strecke $A'B'$ als Ganzes muß *nicht* das inverse Bild der Strecke AB sein.

4. Zu sich selbst inverse Gebilde. Wir sahen schon, daß der Inversionskreis zu sich selbst invers ist. Ein Gleiches gilt offenbar auch für alle Geraden, die durch das Zentrum laufen. Endlich ist drittens *ein Kreis zu sich selbst invers, der den Inversionskreis rechtwinklig schneidet.*

Beweis: O sei wieder der Mittelpunkt des Inversionskreises (Abb. 5), der von dem Kreis um M in S rechtwinklig geschnitten wird. Da OS Tangente an Kreis M, ist $OP \cdot OP' = OS^2$, d. h. die Punkte P und P' des Kreises M

sind bezüglich des Kreises O zueinander invers. Die Punkte des Kreises M, die innerhalb des Kreises O liegen, gehen also in Punkte von M über, die außerhalb O liegen, und umgekehrt. Im besonderen sind die auf der Zentralen liegenden Punkte A und A' des Kreises M zu sich invers.

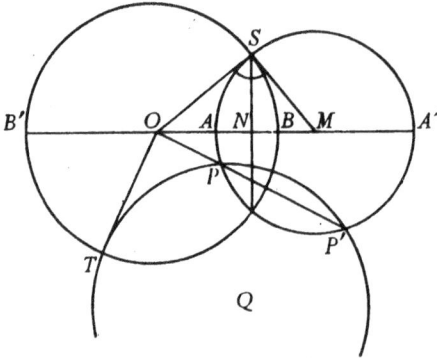

Abb. 5

Statt O als Inversionskreis und M als rechtwinklig schneidenden (Orthogonal-) Kreis aufzufassen, kann ich auch M als Inversionskreis und O als Orthogonalkreis betrachten. Dann sind die auf der Zentrale liegenden Punkte B und B' des Kreises O zueinander invers.

Haben wir eben gesehen, daß jeder den Inversionskreis O senkrecht schneidende Kreis M aus unendlich vielen inversen Punktepaaren P, P' besteht, so können wir umgekehrt sagen:

Jeder durch zwei inverse Punkte gehende Kreis schneidet den Inversionskreis rechtwinklig. Ist nämlich Q ein beliebiger, durch die inversen Punkte P und P' gehender Kreis, und ziehe ich an ihn die Tangente OT, so muß $OT^2 = OP \cdot OP' = OS^2$, also $OT = OS$ sein, d. h. T muß auf Kreis O liegen und Kreis Q schneidet infolgedessen Kreis O unter einem rechten Winkel.

Wenn wir vorhin sagten, daß Kreis M an O invertiert in sich selber übergehe (und ebenso Kreis O an Kreis M invertiert), so gilt das keineswegs von ihren Mittelpunkten. Punkt M geht bei der Inversion an O in Punkt N über, und Punkt O geht ebenso in N über, wenn ich M zum Inversionszentrum mache.

Ehe wir in der Theorie der Inversion fortfahren, müssen wir zunächst zwei Gruppen von Begriffen kurz behandeln, die in engster Beziehung zur Inversion stehen.

5. *Die Potenz.* Unabhängig vom Begriff der Inversion versteht man unter der Potenz eines Punktes in bezug auf einen Kreis das unveränderliche Produkt der beiden Abschnitte der durch diesen Punkt gehenden Sekanten. Liegt der Punkt außerhalb des Kreises, so ist die Potenz positiv ($+ r^2$), liegt er innerhalb, so ist sie negativ ($- r^2$).

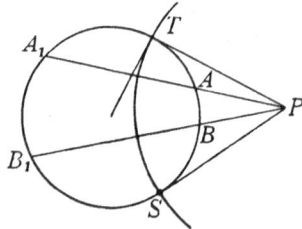

Abb. 6a

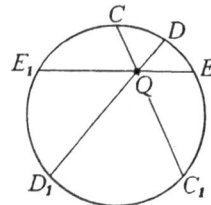

Abb. 6b

Es ist also (Abb. 6a) $PA \cdot PA_1 = PB \cdot PB_1 = PT^2 = PS^2 = +r^2$. Der mit r um P geschlagene Kreis schneidet den gegebenen Kreis rechtwinklig (Orthogonalkreis). Für einen innerhalb des Kreises liegenden Punkt Q ist (Abb. 6b) $QC \cdot QC_1 = QD \cdot QD_1 = QE \cdot QE_1 = -r^2$. Ein Orthogonalkreis, der den gegebenen Kreis rechtwinklig schnitte, kann in diesem
Falle nicht um Q geschlagen werden.

Potenzlinie oder *Chordale* zweier
Kreise heißt der geometrische Ort
eines Punktes, der in bezug auf beide
Kreise gleiche Potenz hat.

Die Potenzlinie zweier Kreise ist eine
auf der Zentrale senkrechte Gerade.

Beweis: Ist (Abb. 7) P ein Punkt
der Potenzlinie, so ist, da die beiden
Tangenten PT und PT_1 gleich sind,
$PM^2 - r^2 = PM_1^2 - r_1^2$. Fälle ich

Abb. 7

nun von P auf MM_1 das Lot PQ, so ist wegen $PM^2 = PQ^2 + MQ^2$ und $PM_1^2 = PQ^2 + QM_1^2$

$$PQ^2 + MQ^2 - r^2 = PQ^2 + QM_1^2 - r_1^2$$
$$MQ^2 - QM_1^2 = r^2 - r_1^2.$$

Danach ist Q ein ganz bestimmter Punkt der Zentrale. Alle Punkte der Potenzlinie haben also, auf MM_1 projiziert, denselben Fußpunkt Q; mithin ist die Potenzlinie die in Q auf MM_1 senkrecht stehende Gerade.

Die Potenzlinie ist bei zwei sich schneidenden Kreisen die gemeinschaftliche Sekante (in den Schnittpunkten ist die Potenz gleich Null), bei zwei sich berührenden Kreisen die Tangente im Berührungspunkt. Liegt der eine Kreis ganz außerhalb oder ganz innerhalb des anderen, so liegt die Potenz-linie außerhalb beider; wir werden gleich sehen, wie man sie findet.

Drei Kreise haben, paarweise kombiniert, drei Potenzlinien. Es läßt sich be-weisen: *Bei drei Kreisen, deren Mittelpunkte nicht auf einer Geraden liegen,* *schneiden sich die drei Potenzlinien in einem Punkt, dem Potenzpunkt der* *drei Kreise.*

Beweis: Ist x der Schnittpunkt der Potenzlinie von Kreis *I* und *II* mit derjenigen von *I* und *III*, so haben in ihm auch die Kreise *II* und *III* gleiche Potenz, also muß auch die Potenzlinie von *II* und *III* durch x gehen.

Dieser Satz gibt uns die Möglichkeit, die Potenzlinie zweier sich nicht schnei-dender Kreise zu finden. Seien *I* und *II* (Abb. 8) die gegebenen Kreise, deren Potenzlinie zu konstruieren ist, so lege man durch beide einen beliebigen dritten Kreis *III* und zeichne für *I/III* bzw. *II/III* die beiden Potenzlinien, die sich in x schneiden. In x haben dann auch *I* und *II* gleiche Potenz, und das Lot von x auf die Zentrale von *I* und *II* ist die gesuchte Potenzlinie.

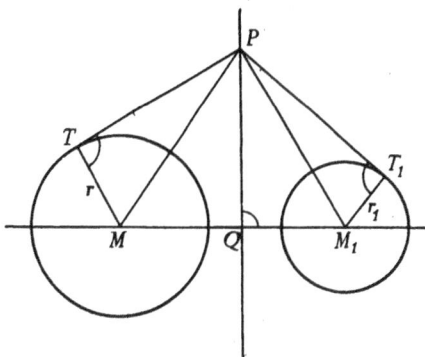

Da die von einem beliebigen Punkt der Potenzlinie an die beiden Kreise zu
ziehenden Tangenten gleich sind, so ist also die Potenzlinie zweier Kreise
geometrischer Ort für den
Mittelpunkt eines Kreises, der
die gegebenen Kreise rechtwinklig schneidet. Alle Kreise,
die zwei gegebene Kreise rechtwinklig schneiden, haben ihre
Mittelpunkte auf der Potenzlinie der zwei Kreise. Eine
solche Schar von Kreisen nennt
man einen *Kreisbüschel.* Wir
werden im 14. Abschnitt mehr
davon hören; einstweilen
führen wir einen Kreisbüschel
in Abb. 9 im Bilde vor.

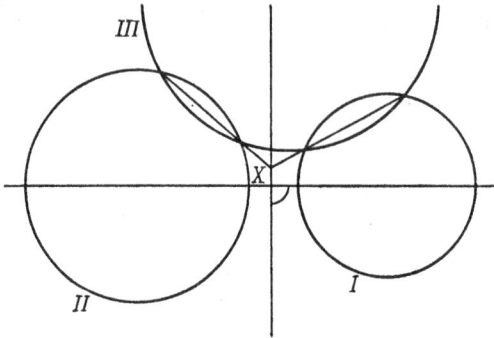

Abb. 8

6. *Ähnlichkeitspunkte zweier Kreise.* Legt man an zwei Kreise M und M'
(Abb. 10) die äußeren Tangenten, so schneiden diese die Zentrale im äußeren
Ähnlichkeitspunkt A, während der Schnitt-
punkt der inneren Tangenten den inneren
Ähnlichkeitspunkt J liefert. Da $MA : M'A =
r : r'$ und $MJ : M'J = r : r'$, so teilen die
beiden Ähnlichkeitspunkte die Zentrale MM'
innen und außen im Verhältnis der beiden
Radien. Berühren sich zwei Kreise von
außen, so ist der Berührungspunkt innerer,
berühren sie sich von innen, so ist er äußerer
Ähnlichkeitspunkt. Jede durch den Ähnlichkeitspunkt gezogene Sekante heißt Ähnlichkeitslinie.

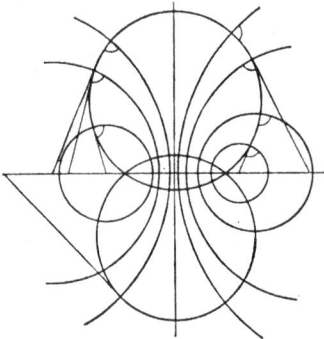

Abb. 9

Eine Ähnlichkeitslinie (Abb. 11) schneide
die Kreise M und M' in C und B bzw. C'
und B'. Zieht man dann durch M eine Parallele zu $M'B'$, die die Ähnlichkeitslinie in x schneidet, so ist

$$MX : M'B' = MA : M'A = r : r'$$
$$M'B' = r'$$
$$\overline{MX = r,}$$

d. h. x fällt mit B zusammen. Also gilt der Satz: *Die nach den Schnittpunkten
einer Ähnlichkeitslinie gezogenen
Radien sind paarweise parallel.*
Umgekehrt: *Die Verbindungslinien der Endpunkte paralleler
Radien gehen durch den äußeren
oder inneren Ähnlichkeitspunkt,*

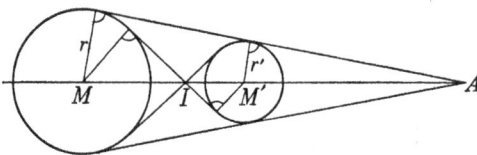

Abb. 10

je nachdem die Radien in gleicher oder entgegengesetzter Richtung laufen (Abb. 12a).

Nach diesem Satz lassen sich die Ähnlichkeitspunkte zweier Kreise leicht konstruieren, in Sonderheit in dem Falle, daß ein Kreis im anderen liegt

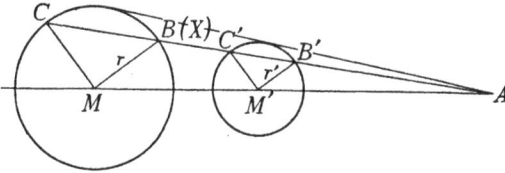

wobei keine gemeinsamen Tangenten möglich sind (Abb. 12b).

Abb. 11

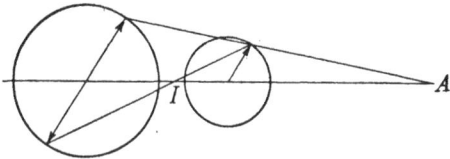

Abb. 12a

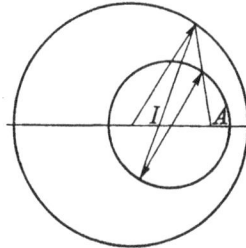

Abb. 12b

7. *Inversion der Geraden.* Fällt man vom Zentrum O auf die Gerade g (Abb. 13) das Lot OP und invertiert P in P', ebenso Q in Q', so ist, da $Q'P'$ Antiparallele zu QP, $\sphericalangle OQ'P' = \sphericalangle OPQ = R$. Durchläuft also Q die Gerade g, so beschreibt Q' einen Kreis über OP' als Durchmesser. Es gilt somit der Satz: *Zu einer Geraden g ist ein Kreis invers, der durch das Inversionszentrum O geht und dessen Tangente in O der Geraden g parallel ist.*

Wird g zur Tangente an den Inversionskreis, so berühren sich in diesem Punkt Gerade, Inversionskreis und inverser Kreis. Schneidet g den Inversionskreis, so geht der inverse Kreis durch diese beiden Schnittpunkte (Abb. 13 links). Rückt g in das Inversionszentrum, so geht die Gerade in sich selber über.

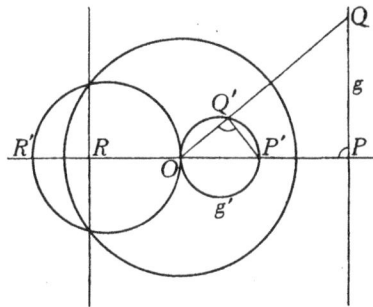

Abb. 13

Da die inverse Abbildung eine wechselseitige ist, gilt die Umkehrung des letzten Lehrsatzes: *Zu einem durch das Zentrum O gehenden Kreis ist eine Gerade invers, die der Kreistangente in O parallel ist.*

8. *Inversion des Winkels.* Wenn sich zwei Kreise in zwei Punkten schneiden, so ist der Schnittwinkel in beiden Punkten derselbe. Schneiden sich also zwei Gerade g und h im Punkte P unter dem Winkel α (Abb. 14), so schneiden sich ihre Inversen g' und h' nicht nur in O, sondern auch in dem zu P inversen Punkte P' unter dem gleichen Winkel α. *Die inverse Abbildung ist winkeltreu oder isogonal.* Geht das aus Geraden bestehende Dreieck PRS in das inverse Bogendreieck $P'R'S'$ über, so hat dieses dieselben Winkel wie PRS, ist ihm also, sofern man es bei unendlich kleiner Bogenlänge als geradlinig ansehen kann, ähnlich: *Die inverse Abbildung ist in den kleinsten Teilen ähnlich oder konform.* Man bemerkt indessen, daß sich durch die Inversion sowohl der Umlauf-sinn des Dreiecks als auch der Drehungssinn des Winkels ge-ändert hat: *Die Inversion ist eine konforme Abbildung mit Umlegung der Winkel.*

Da die Berührung zweier Kurven in einem Punkt einem Schneiden unter dem Winkel Null gleichkommt, können wir den wichtigen Satz hinzufügen: *Berührung bleibt bei der In-version erhalten.*

9. Inversion des Kreises. Wir beweisen den Satz: *Die In-verse eines Kreises ist wieder ein Kreis.*

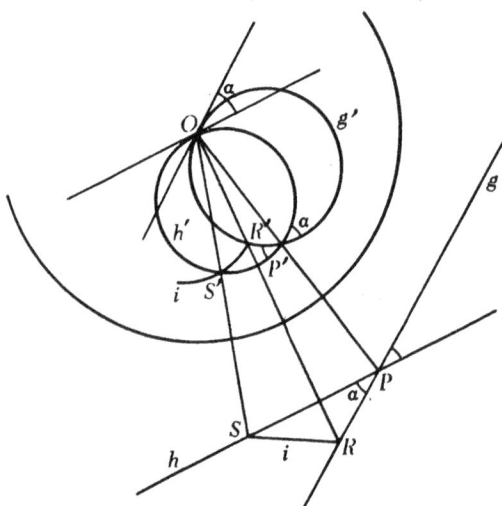

Abb. 14

Beweis: Nehmen wir (Abb. 15) auf K zwei Punkte P und Q an, konstruieren zu diesen bezüglich des In-versionskreises i die Inversen P' und Q' und bezeichnen die zweiten Punkte, in denen OP' und OQ' Kreis K schneiden, mit P_1 und Q_1, so ist

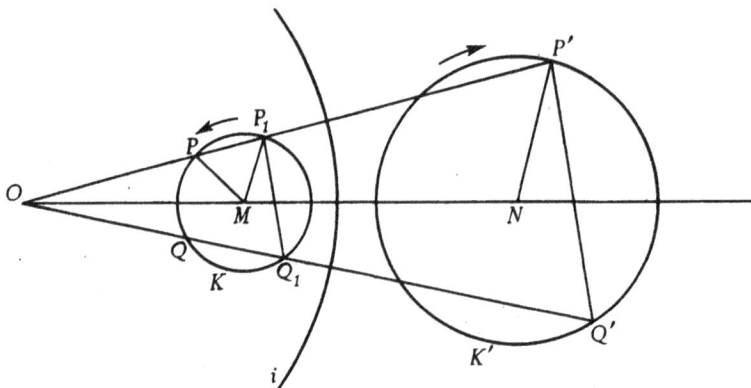

Abb. 15

$$OP \cdot OP' = OQ \cdot OQ' \quad \text{(Inversion)}$$
$$OP \cdot OP_1 = OQ \cdot OQ_1 \quad \text{(Sekantensatz)}$$
$$\overline{OP' : OP_1 = OQ' : OQ_1}$$
$$\Delta\, OP_1 Q_1 \sim \Delta\, OP'Q'.$$

Durchläuft also P_1 und damit P den Kreis K, so beschreibt P' eine zu K ähnliche und ähnlich liegende Kurve, d. h. wieder einen Kreis K'. *Das Inver-*

sionszentrum O ist ein Ähnlichkeitspunkt (in diesem Falle der äußere) *der Kreise K und K'.* Wegen dieser Eigenschaft, Kreise wieder in Kreise über-zuführen, nennt man die inverse Abbildung eine *Kreisverwandtschaft.*

Abb. 16 zeigt die (hyperbolische) Inversion eines Kreises K an einem Inversionskreis $O(i)$, der K einschließt und dessen Zentrum inner-halb K liegt. Daß in diesem Falle O innerer Ähnlichkeitspunkt von K und K' ist, ergibt sich ähnlich wie bei Abb. 15, wenn man statt des Sekantensatzes den Sehnensatz anwendet. Verbindet man den zweiten Schnittpunkt P_1, den OP' mit K hat, mit M, und ebenso N mit P', so werden die Strecken MP_1 und NP' parallel, aber entgegengesetzt gerichtet.

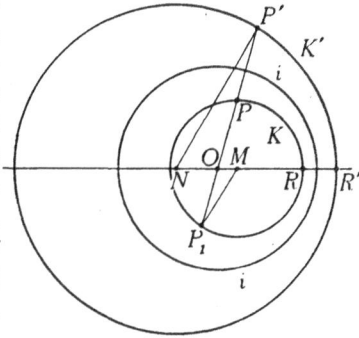

Auf grund dieser Ähnlichkeitsbeziehung zwischen den beiden Kreisen läßt sich zu

Abb. 16

einem Kreise K mit dem Mittelpunkt M sein inverser K' mit dem Mittel-punkt N leicht finden. Man zieht (Abb. 15 und 16) durch das Inversions-zentrum O eine von der Zentralen OM verschiedene Gerade, die K in P und P_1 schneidet, invertiert P in P', verbindet P_1 mit M und zieht durch P' eine Parallele zu MP_1, die die Zentrale in N schneidet. N ist dann der Mittel-punkt des inversen Kreises K' und NP' sein Radius.

Über die Lage des Mittelpunktes N von K' läßt sich noch folgende gesetz-mäßige Beziehung aufstellen. Ziehe ich in K die Berührungssehne TU (Abb. 17), so ist O' die Inverse zu O bezüglich K als Inversionskreis. Nun konstruiere ich die Inverse zu O' bezüglich Kreis O, indem ich TU invertiere. Das inverse Bild von TU ist aber ein Kreis, der durch O und die Schnittpunkte S_1 und S_2 der Sehne TU mit Kreis $O(i)$ geht. Ist nun T' die Inverse zu T und U' zu U, so muß dieser Kreis auch durch T' und U' gehen; bezeichne ich mit N seinen Schnittpunkt mit OM (so daß also N das inverse Bild von O' ist), so ist $\sphericalangle OT'N = R$, mithin NT' der Radius des zu K inversen Kreises

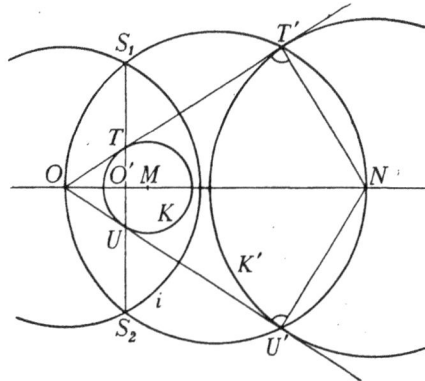

Abb. 17

K' und N der gesuchte Mittelpunkt. *Ich finde also den Mittelpunkt N des inversen Kreises K', indem ich zunächst das Inversionszentrum O an K in O' invertiere und dann O' an Kreis O in N invertiere.*

10. Einzelfälle der Kreisinversion. Wir zeichnen nun noch zur Vertiefung unserer Erkenntnisse und zur Gewinnung weiterer Schlußfolgerungen die

Inversion eines Kreises in einzelnen Fällen und ziehen neben der hyperbolischen auch die elliptische Inversion heran. Dabei bezeichnen wir mit i den Inversionskreis, mit K den gegebenen, mit K' den inversen Kreis bei hyperbolischer und mit K'' bei elliptischer Inversion. Die Mittelpunkte von K' und K'' heißen N' bzw. N''.

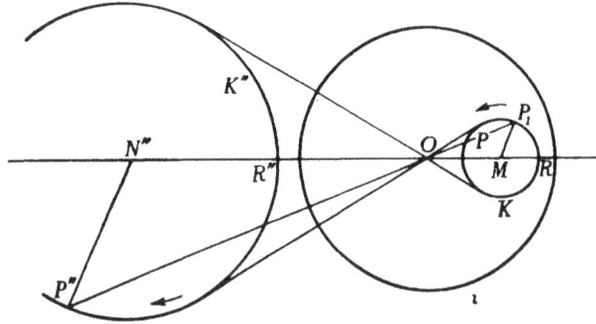

Abb. 18

a) O liege außerhalb K, und i schließe K ein.
  Hyp. Inv. (Abb. 15): O äußerer Ähnlichkeitspunkt (Ä.P.),
  Ellipt. Inv. (Abb. 18): O innerer Ä.P.

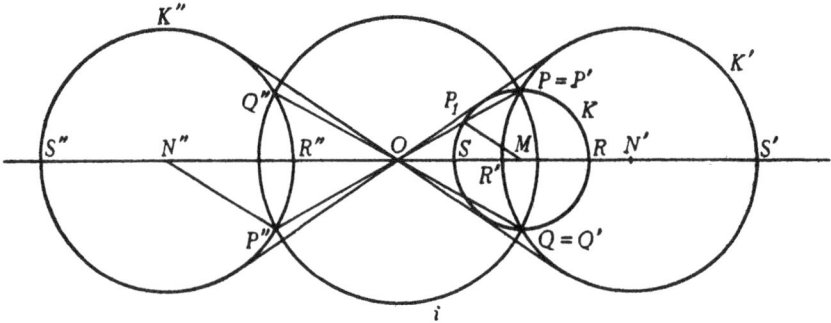

Abb 19

b) O außerhalb K; i schneide K (Abb. 19).
  Hyp. Inv.: O äußerer Ä.P.,
  Ellipt. Inv.: O innerer Ä.P.

c) O innerhalb K; i schließe K ein (Abb. 20).
  Hyp. Inv.: O innerer Ä.P. (s. auch Abb. 16),
  Ellipt. Inv.: O äußerer Ä.P.

d) O innerhalb K; i berühre K von innen (Abb. 21).
  Hyp. Inv.: O innerer Ä.P.,
  Ellipt. Inv.: O äußerer Ä.P.

Aus unseren Zeichnungen ziehen wir folgende Schlüsse. So wie K durch Inversion an i zu K' oder K'' wird und hierbei O als äußerer oder innerer

Ähnlichkeitspunkt der Kreispaare KK' bzw. KK'' in Erscheinung tritt, läßt sich umgekehrt zu einem Kreispaar KK' oder KK'' immer ein Inversionskreis i finden, der K in K' oder K'' überführt. Das Inversionszentrum O ist

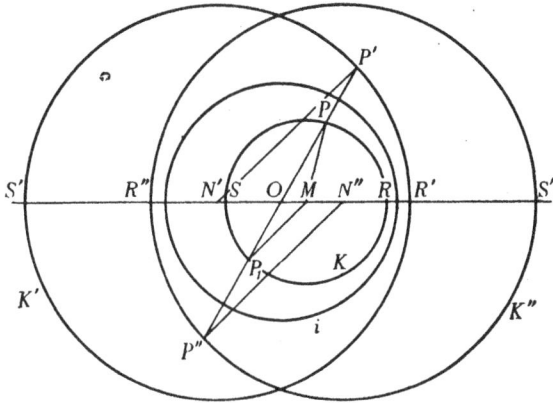

Abb. 20

der äußere oder innere Ähnlichkeitspunkt der beiden Kreise K und K' bzw. K und K''. Ist O äußerer Ähnlichkeitspunkt, so wollen wir von äußerer Inversion sprechen, ist O innerer Ähnlichkeitspunkt, so nennen wir die Inversion eine innere. Wir finden dann in den Zeichnungen die Bestätigung zu folgenden Sätzen:

Schneiden sich zwei Kreise, so ist sowohl ihre äußere als auch ihre innere Inversion hyperbolisch (Beispiele: Abb. 19, K und K'; Abb. 21, als Grenzfall, K und K').

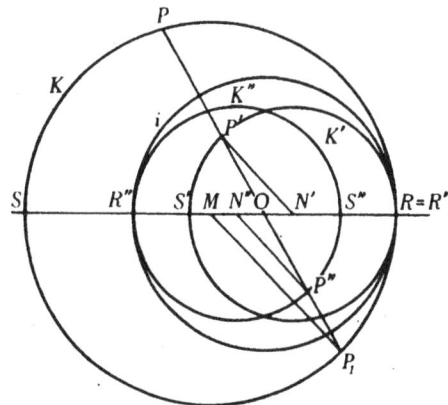

Abb. 21

Liegt jeder Kreis außerhalb des andern, so ist ihre äußere Inversion hyperbolisch (Abb. 15, K und K'), *ihre innere elliptisch* (Abb. 18, K und K''; Abb. 19, K und K'').

Liegt ein Kreis innerhalb des andern' so ist ihre äußere Inversion elliptisch (Abb. 20, K und K''; Abb. 21, K und K''), *ihre innere hyperbolisch* (Abb. 16 und 20, K und K'; Abb. 21, K und K').

Zwei konzentrische Kreise sind bezüglich ihres gemeinsamen Mittelpunktes (Abb. 22) *sowohl hyperbolisch als auch elliptisch invers* (da äußerer und innerer Ähnlichkeitspunkt im Inversionspol zusammenfallen).

11. Gegenseitige Inversion zweier Kreise. Zusammenfassend können wir sagen: *Zwei beliebige Kreise können immer auf zwei Arten als inverse Bilder aufgefaßt*

2*

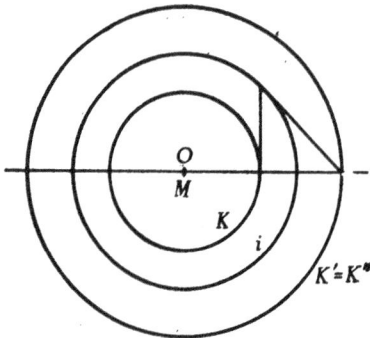

Abb. 22

werden. Haben wir die Richtigkeit dieses Satzes soeben aus der Anschauung glaubhaft gemacht, so läßt sie sich unabhängig hiervon noch gesondert beweisen. Nehmen wir als Beispiel dasjenige zweier sich nicht schneidender Kreise K und K' mit dem äußeren Ähnlichkeitspunkt A und dem inneren J (Abb. 23). Bezeichne ich das Ähnlichkeitsverhältnis der beiden Kreise mit μ und die Potenz des Kreises K in A mit p^2, in J mit q^2, so

folgt aus

$$AP \cdot AP_1 = p^2 \qquad\qquad JP \cdot JP_2 = q^2$$

und

$$AP' : AP_1 = \mu = \frac{r'}{r} \qquad\qquad JP'' : JP_2 = \mu = \frac{r'}{r}$$

$$\overline{AP \cdot AP' = p^2 \cdot \mu = \text{const}} \quad \overline{JP \cdot JP'' = q^2 \cdot \mu = \text{const},}$$

d. h. K und K' sind Inverse einer hyperbolischen Inversion mit dem Pol A und der Potenz $p^2 \mu = \dfrac{p^2 r'}{r}$ und einer elliptischen Inversion mit dem Zentrum J und der Potenz $q^2 \mu = \dfrac{q^2 r'}{r}$.

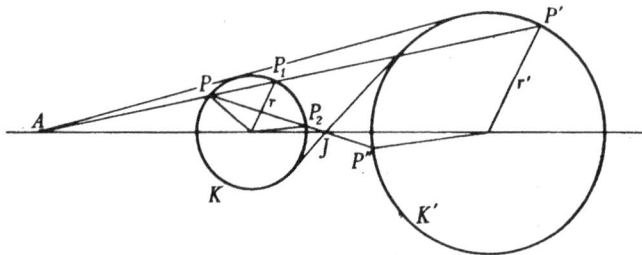

Abb. 23

12. *Doppelverhältnis des Kreisvierecks.* Unter dem Doppelverhältnis in vier Punkten einer Geraden A, B, C, D versteht man das Verhältnis der Abstände $\dfrac{AC}{BC} : \dfrac{AD}{BD} = \dfrac{AC \cdot BD}{BC \cdot AD}$, unter dem Doppelverhältnis von vier Strahlen a, b, c, d eines Strahlenbüschels den Ausdruck $(a\,b\,c\,d) = \dfrac{\sin(a\,c)}{\sin(b\,c)} : \dfrac{\sin(a\,d)}{\sin(b\,d)}$, wobei z. B. $(a\,c)$ den von den Strahlen a und c eingeschlossenen Winkel bezeichnet. Das Doppelverhältnis in vier Punkten A, B, C, D eines Kreises definiert man folgendermaßen. Verbindet man die vier Punkte mit einem beliebigen fünften Punkte T des Kreises, so versteht man unter dem Doppelverhältnis $\{ABCD\}$ der vier Kreispunkte das Doppelverhältnis der vier sie mit T verbindenden Strahlen a, b, c, d. Es ist also (Abb. 24)

$$\{A\,B\,C\,D\} = \frac{\sin(a\,c)}{\sin(b\,c)} : \frac{\sin(a\,d)}{\sin(b\,d)} = \frac{\sin(a\,c)\sin(b\,d)}{\sin(b\,c)\sin(a\,d)}.$$

Bezeichne ich nun den Radius des Kreises mit ϱ und erweitere den letzten Bruch mit $2\varrho \cdot 2\varrho$, so, erhalte ich:

$$\{A\,B\,C\,D\} = \frac{2\varrho \sin (a\,c) \cdot 2\varrho \sin (b\,d)}{2\varrho \sin (b\,c) \cdot 2\varrho \sin (a\,d)}.$$

Es ist aber $2\varrho \sin (ac) = AC$; $2\varrho \sin (bd) = BD$; $2\varrho \sin (bc) = BC$ und $2\varrho \sin (ad) = AD$, so daß ich schreiben kann:

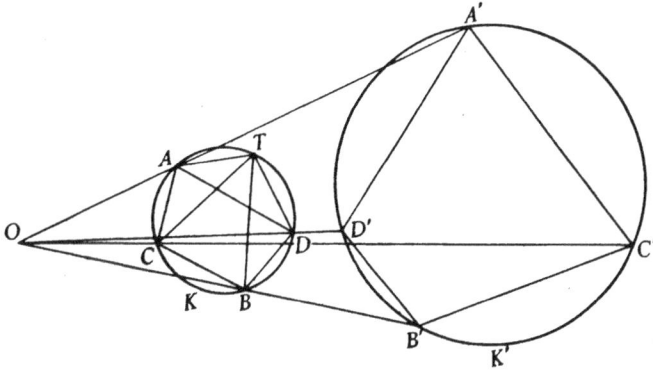

Abb. 24

$$\{A\,B\,C\,D\} = \frac{A\,C \cdot B\,D}{B\,C \cdot A\,D}.$$

Dieser Ausdruck für das Doppelverhältnis in vier Kreispunkten ist also genau so gebildet, als wenn die vier Punkte auf einer Geraden lägen.

Die Lage von T auf dem Kreisumfang ist beliebig, da nach dem Satz vom Umfangswinkel die Winkel zwischen den vier Punkten sich bei Verschiebung von T auf dem Kreis nicht ändern. Nun seien (Abb. 24) K und K' zwei inverse Kreise bezüglich des Poles O und der Potenz r^2 und AA', BB', CC', DD' vier inverse Punktepaare. Dann ist

$$\{A\,B\,C\,D\} = \frac{A\,C \cdot B\,D}{B\,C \cdot A\,D}$$

und ganz entsprechend

$$\{A'\,B'\,C'\,D'\} = \frac{A'\,C' \cdot B'\,D'}{B'\,C' \cdot A'\,D'}.$$

Nach S. 11 ist aber $A'C' = \frac{A\,C \cdot r^2}{O\,A \cdot O\,C}$ usw. Demnach:

$$\{A'\,B'\,C'\,D'\} = \frac{A\,C \cdot \dfrac{r^2}{O\,A \cdot O\,C} \cdot B\,D \cdot \dfrac{r^2}{O\,B \cdot O\,D}}{B\,C \cdot \dfrac{r^2}{O\,B \cdot O\,C} \cdot A\,D \cdot \dfrac{r^2}{O\,A \cdot O\,D}} = \frac{A\,C \cdot B\,D}{B\,C \cdot A\,D} = \{A\,B\,C\,D\}.$$

Wir haben damit eine charakteristische Eigenschaft der inversen Abbildung gefunden: die Unveränderlichkeit (Invarianz) des Doppelverhältnisses von vier Punkten eines Kreises. Nennen wir es kurz das Doppelverhältnis des betreffenden Kreisvierecks, so können wir also den Satz aufstellen: *Inverse Kreisvierecke sind doppelverhältnisgleich.*

Vier harmonische Punkte einer Geraden haben das Doppelverhältnis —1. Liegt nämlich C zwischen A und B und D auf der Verlängerung von AB, so folgt aus der Doppelverhältnisgleichung $(AC : BC) \cdot (BD : AD) = -1$ die Proportion $AC : BC = -(AD : BD)$, d. h. A, B, C, D sind vier harmonische

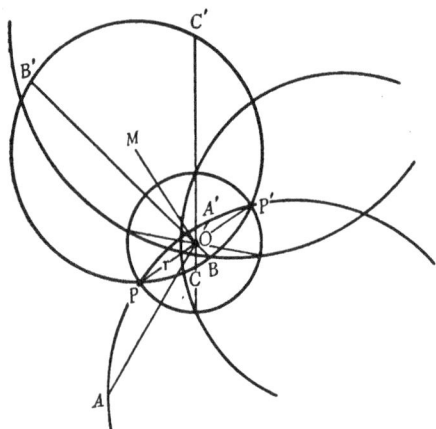

Abb. 25

Punkte (das negative Vorzeichen ist dadurch bedingt, daß die Strecke BC den anderen Strecken entgegengesetzt gerichtet ist). Eine Gerade kann ich nun als Sonderfall des Kreises, vier Punkte auf ihr als Kreisviereck auffassen. Harmonische Punkte auf einer durch das Inversionszentrum gehenden Geraden gehen demnach durch Inversion wieder in vier harmonische Punkte derselben Geraden über. Liegen die vier harmonischen Punkte auf einer beliebigen Geraden, so werden sie invertiert in vier Punkte eines durch den Pol gehenden Kreises, die von einem beliebigen Punkte dieses Kreises durch ein harmonisches Strahlenbüschel projiziert werden.

13. Das Kreisbündel. Denken wir uns in Abb. 5 durch alle möglichen inversen Punktepaare Kreise gelegt, so schneiden diese den Inversionskreis $O(r)$ senkrecht, haben also in O dieselbe positive Potenz $+r^2$. *Die Schar dieser unendlich vielen Kreise, die alle in einem Punkte dieselbe Potenz haben, nennt man ein Kreisbündel,* und zwar, da es sich um eine positive Potenz handelt, der hyperbolischen Inversion entsprechend, ein *hyperbolisches Kreisbündel*. Jeder Kreis dieses Bündels geht durch hyperbolische Inversion am Orthogonalkreis in sich selber über. Der Orthogonalkreis selber gehört nicht zum Bündel.

Liegt der Potenzpunkt O im Innern aller Kreise, so haben wir ein *elliptisches Kreisbündel*. Alle Kreise des elliptischen Bündels haben also je dieselbe negative Potenz: $OA \cdot OA' = OB \cdot OB' \cdots = -r^2$ (Abb. 25). Da von O keine Tangenten an die Kreise gezogen werden können, ist ein Orthogonalkreis nicht möglich. An seine Stelle tritt der kleinste unter den Kreisen des Bündels. Da die Kreise um so größer sind, je weiter ihr Mittelpunkt von O entfernt ist, so handelt es sich darum, denjenigen Kreis des Bündels zu finden, dessen Mittelpunkt in O liegt. Ich zeichne in einem beliebigen Kreise M des Bündels eine Sekante, die durch O halbiert wird, dadurch, daß ich M mit O verbinde und auf MO die Senkrechte errichte, die Kreis M in P und P' schneidet. Der mit $OP = r$ um O geschlagene Kreis ist dann der gesuchte. Da die konstante Potenz des Bündels $-r^2$ ist, muß jeder Kreis des Bündels den Kreis O in zwei bezüglich O diametral liegenden Punkten schneiden. Dies elliptische Kreisbündel geht durch elliptische Inversion an Kreis O mit der Potenz $- r^2$ in sich selbst über. Im Gegensatz zum hyperbolischen Bündel gehört hier der Inversionskreis O dem Bündel an.

Lasse ich die Radien der Bündelkreise unendlich groß werden, so ergibt sich sowohl beim hyperbolischen wie elliptischen Kreisbündel als Sonderfall ein Strahlenbüschel mit dem Mittelpunkt O Ist der Orthogonalkreis des hyperbolischen Bündcis eine Gerade, so liegen die Mittelpunkte aller Bündelkreise auf dieser Geraden; wir haben ein sogenanntes *symmetrisches Kreisbündel*.

Ist der Orthogonalkreis zu einem Punkt zusammengeschrumpft, so haben alle Kreise in O die Potenz Null, und es gehören dem Bündel sämtliche durch O gehenden Kreise der Ebene an. Man spricht dann von einem *parabolischen Kreisbündel* — entsprechend der parabolischen Inversion mit O als Zentrum und der Potenz Null, bei der O zu allen Punkten der Ebene invers ist.

Durch Inversion von einem beliebigen Zentrum aus gehen alle Kreise des Bündels in Kreise, das Bündel selber wieder in ein Bündel über. Der Orthogonalkreis wird wegen der Winkeltreue der Abbildung zum Orthogonalkreis des inversen Bündels. Der Kreis des Bündels, der gerade durch den Inversionspol geht, wird zur Geraden, und, da er vom Orthogonalkreis senkrecht durchsetzt wird, so muß im inversen Bündel diese Gerade durch den Mittelpunkt des neuen Orthogonalkreises gehen. Liegt das Zentrum der Inversion auf dem Orthogonalkreis des Bündels, so muß das inverse Bündel, da der Orthogonalkreis zur Geraden wird, ein symmetrisches sein, bei dem alle Kreise von der Geraden halbiert werden.

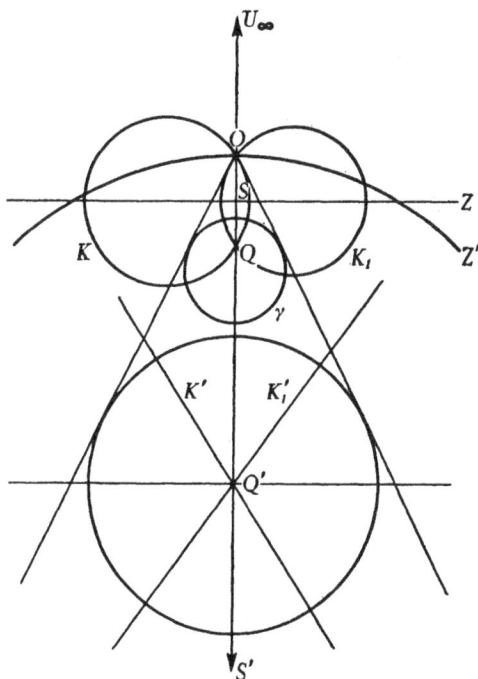

Abb. 26

14. *Der Kreisbüschel.* Vom Kreisbündel zu unterscheiden ist der Kreisbüschel. Man versteht darunter, wie wir schon S. 14 sahen, die Gesamtheit aller Kreise, die zwei gegebene Kreise senkrecht schneiden. In Abb. 26 seien K und K_1 mit den Schnittpunkten O und Q die gegebenen Kreise, γ ein die Kreise K und K_1 rechtwinklig schneidender dritter Kreis. Ich invertiere von O als Pol aus mit einer beliebigen Potenz die drei Kreise und erhalte, wenn Q' die Inverse zu Q ist, als die Bilder von K und K_1 zwei durch Q' gehende

Gerade K' und K_1'. Da γ K und K_1 orthogonal schneidet, muß γ' auch K' und K_1' rechtwinklig schneiden; mithin muß sein Mittelpunkt mit Q' zusammenfallen. Die Bilder aller K und K_1 senkrecht kreuzender Kreise müssen konzentrische Kreise mit dem Mittelpunkt Q' sein. Denke ich mir also um Q' eine ganze Schar konzentrischer Kreise gezeichnet und diese zurück invertiert, so erhalte ich lauter Kreise, die K und K_1 rechtwinklig durchsetzen. Da bei dieser Inversion die Mittelpunkte der inversen Kreise auf OQ' zu liegen kommen, so liegen also die Mittelpunkte unserer Kreisschar, des Kreisbüschels, auf der Potenzlinie von K und K_1 — ein Ergebnis, das wir S. 14 bereits auf anderem Wege erhalten hatten. Da die konzentrischen Kreise keinen Punkt miteinander gemeinsam haben, so gehen also auch die Kreise unseres Büschels alle aneinander vorbei (s. Abb. 9, S. 14). Einer unter ihnen ist eine Gerade, nämlich derjenige, dessen Bild durch O geht (Z'). Bezeichne ich auf der Geraden OQ den unendlich fernen Punkt mit U_∞ und den zweiten Schnittpunkt mit Kreis Z' mit S', so sind $S'OQ'U_\infty$ vier harmonische Punkte; ihre inversen Bilder $S U_\infty QO$ bilden mithin einen harmonischen Wurf, d. h. S muß in der Mitte zwischen O und Q liegen. Die Gerade Z, die Inverse zu Z', geht mithin durch die Mittelpunkte von K und K_1. Diejenigen konzentrischen Kreise, deren Radien größer als der Radius von Z' sind, invertieren sich in Büschelkreise, die oberhalb Z liegen und

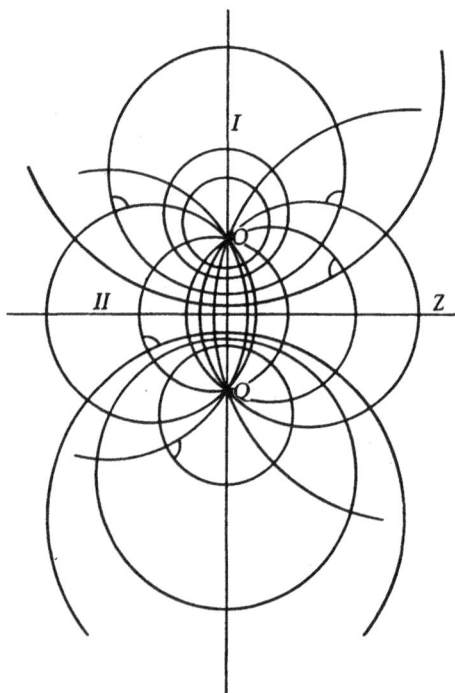

Abb. 27

nach oben gekrümmt sind. Je kleiner die Radien der Büschelkreise, um so mehr nähern sich die Kreise (s. Abb. 9) den Punkten O und Q. Man nennt daher diese beiden Punkte die *Grenzpunkte* des Kreisbüschels. Da K und K_1 von jedem Kreis des Büschels senkrecht geschnitten werden, so sind O und Q bezüglich eines jeden Kreises des Büschels konjugierte oder zugeordnete Punkte.

Denken wir uns nun durch Q' außer K' und K_1' ein ganzes Büschel von Strahlen gelegt, deren jeder also die Masse der konzentrischen Kreise senkrecht durchsetzt, so ist jeder dieser Strahlen das inverse Bild eines Kreises durch O und Q. Dem Strahlenbüschel entspricht also die Gesamtheit aller durch O und Q gehenden Kreise; diese schneiden jeden Kreis des ersten Kreisbüschels (I), das aus den konzentrischen Kreisen hervorging, rechtwinklig. Wir haben hier also einen zweiten Kreisbüschel (*II*, Abb. 27). Büschel *I* hat *Z* zur Potenzlinie, Büschel II die Sekante *OQ*. Während die Kreise von Büschel *I* keinen Punkt gemein haben, gehen alle Kreise von Büschel *II* durch *O* und *Q*. Man nennt darum *O* und *Q* die *Grundpunkte* des Büschels *II*. Die Grenzpunkte des einen Büschels sind also die Grundpunkte des anderen. Zwei derartig gelagerte Kreisbüschel nennt man *konjugiert*.

Von jedem Punkt der Potenzlinie *Z* des Büschels *I* kann ich gleichlange Tangentenabschnitte an die Kreise des Büschels legen, d. h. in jedem Punkt von *Z* haben die Kreise des Büschels *I* gleiche, nämlich positive Potenz. Entsprechend dem Begriff der hyperbolischen Inversion nennt man einen derartigen Büschel einen *hyperbolischen Kreisbüschel*. Bei Büschel *II* kann ich nur von den Punkten der Potenzlinie, die außerhalb der Strecke *OQ* liegen, Tangenten an die Büschelkreise ziehen. Nur in diesen Punkten haben die Büschelkreise positive Potenz. In den Punkten der Strecke *OQ*, die innerhalb aller Büschelkreise liegen, besteht nur negative Potenz. Man nennt

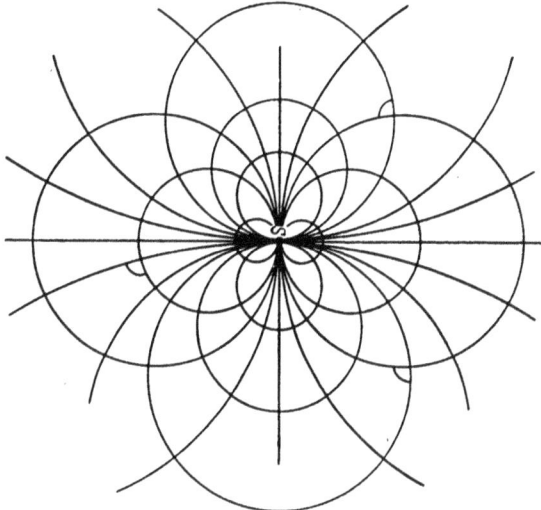

Abb. 28

einen Büschel dieser Art einen *elliptischen Kreisbüschel*. Ist der eine von zwei konjugierten Büscheln also hyperbolisch, so ist der andere elliptisch.

Zwischen beiden Arten steht der *parabolische Kreisbüschel*. Denken wir die Punkte *O* und *Q* zu einem Punkt *S* zusammenrückend (Abb. 28), so wird jeder der beiden Büschel zu einer Schar von Kreisen, die alle durch einen Punkt (*S*) gehen und eine Gerade, ihre Potenzlinie, berühren. Stehen die beiden Potenzlinien aufeinander senkrecht, so sind die beiden parabolischen Büschel konjugiert.

Zu jedem hyperbolischen Büschel mit zwei bestimmten Grenzpunkten gehört also ein bestimmter ihm konjugierter elliptischer Büschel. Invertiere ich einen elliptischen Büschel an einem beliebigen Inversionskreis, so wird er zu einer Schar von Kreisen, die durch zwei Punkte gehen, also wieder zu einem elliptischen Büschel. Invertiere ich einen hyperbolischen Büschel *I*, so wird sein ihm konjugierter elliptischer Büschel *II* wieder zu einem elliptischen *II′*, und da *I′* zu *II′* wegen der Konstanz des rechtwinkligen Schnittes konjugiert bleibt, so wird der hyperbolische Büschel also wieder zu einem hyperbolischen. Ebenso wird ein parabolischer Kreisbüschel wieder zu einem parabolischen, da der Zustand der Berührung in einem Punkte erhalten bleibt. Nehme ich im besonderen bei einem parabolischen Büschel und seinem konjugierten den gemeinsamen Berührungspunkt zum Inversionspol, so erhalte ich zwei Scharen von sich rechtwinklig kreuzenden Parallelen.

Nachdem wir die Gesetzmäßigkeiten der inversen Abbildung in ihren Grundzügen elementar behandelt haben, wenden wir uns nun ihren ebenso interessanten wie zahlreichen Anwendungen zu, indem wir aus der Fülle des Stoffes einzelne charakteristische Beispiele herausgreifen.

II. DIE INVERSION IM BEWEIS GEOMETRISCHER LEHRSÄTZE

Es liegt zunächst der Gedanke nahe, aus einem Lehrsatz, der für eine geometrische Figur bewiesen ist, einfach durch inverse Übertragung einen entsprechenden Lehrsatz zu gewinnen, der für die inverse Figur gilt.

1. Das einfachste Beispiel dürfte wohl das folgende sein. Ein gewöhnliches Dreieck ergibt in Inversion ein Kreisbogendreieck, dessen Kreise durch einen

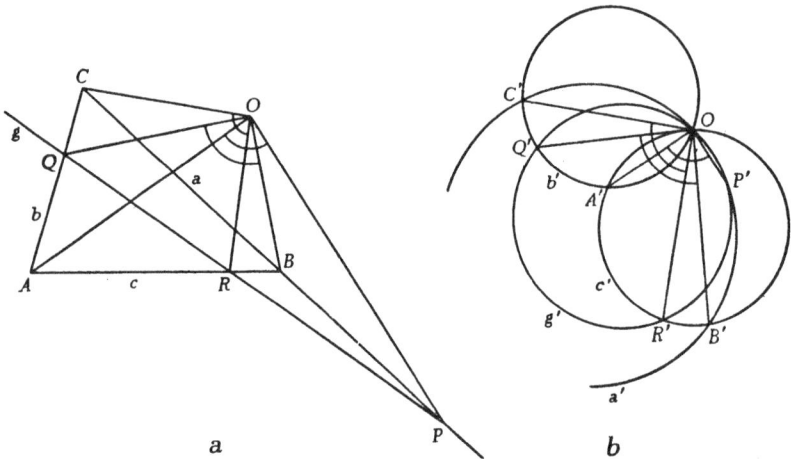

Abb. 29

Punkt (den Inversionspol) gehen. Da die inverse Abbildung winkeltreu ist, folgt sofort der Satz: In einem *Kreisbogendreieck*, dessen Kreise durch einen Punkt gehen, beträgt die Winkelsumme 180°.

2. Es besteht der Satz: Die drei Lote, die man in einem Punkte O auf seinen Verbindungslinien mit den Ecken eines Dreiecks ABC errichten kann, treffen die Gegenseiten des Dreiecks in Punkten einer Geraden (Abb. 29a). Invertiere ich diese Figur von O aus, so bleiben die Richtungen OA, OB, OC samt den Loten erhalten (Abb. 29b), während die Dreiecksseiten a, b, c zu Kreisen a', b', c' werden, die sich in O schneiden. Ebenso wird die Schlußgerade g zu einem Kreis g' durch O. So ergibt sich der Satz: Wenn man auf den gemeinschaftlichen Sehnen OA', OB', OC' von drei in O sich schneidenden Kreisen a', b', c' in O

Lote errichtet, so liegen ihre zweiten Schnittpunkte mit den entsprechenden Kreisen auf einem durch O gehenden Kreise.

Zwei weitere Beispiele werden wir — um Wiederholungen zu vermeiden — bei der Lemniskate und der Kardioide als inverse Kurven (S. 49 u. 52) kennen lernen.

In diesen Beispielen trat die Inversion nur als Mittler auf, um gewissermaßen mechanisch einen Lehrsatz in einen anderen zu „invertieren". Daß sie auch fähig ist, zu selbständigen neuen Erkenntnissen zu führen, zeigen die folgenden Beispiele.

3. Der bekannte *Ptolemäische Lehrsatz* („In einem Sehnenviereck ist das Produkt der Ecklinien gleich der Summe der Produkte aus den Gegenseiten") läßt sich unter Zuhilfenahme der Inversion folgendermaßen beweisen.

Das Sehnenviereck $ABCD$ (Abb. 30) werde durch eine Inversion mit dem Pol A und der beliebigen Potenz r^2 invertiert, wobei der Kreis zu einer Geraden und die Viereckseckeh B, C, D zu Punkten B', C', D' auf dieser Geraden werden. Setze ich in die Gleichung

$$B'D' = D'C' + C'B'$$

nach S. 11 die Werte ein

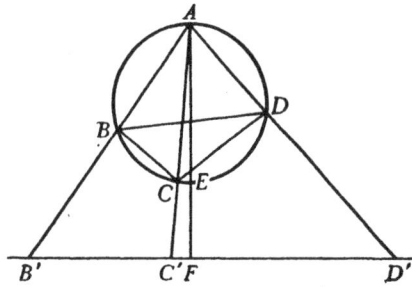

Abb. 30

$$B'D' = BD \cdot \frac{r^2}{AB \cdot AD}\ ;\ D'C' = DC \cdot \frac{r^2}{AD \cdot AC}\ ;\ C'B' = CB\,\frac{r^2}{AC \cdot AB},$$

so erhalte ich

$$\frac{BD \cdot r^2}{AB \cdot AD} = \frac{DC \cdot r^2}{AD \cdot AC} + \frac{CB \cdot r^2}{AC \cdot AB}.$$

Multiplizieren mit dem Hauptnenner und Kürzen durch r^2 führt zu

$$AC \cdot BD = DC \cdot AB + CB \cdot AD.$$

4. *Der Lehrsatz des Feuerbach.* Der Feuerbach- oder Neunpunktekreis ist definiert durch den Satz: „In jedem Dreieck liegen die drei Seitenmitten, die drei Höhenfußpunkte und die Mitten der drei an die Ecken stoßenden Höhenabschnitte auf einen Kreis." Wir fügen an diesen grundlegenden Satz noch den folgenden, dessen wir zur weiteren Beweisführung bedürfen: „Die durch die Mitte einer Seite an den Feuerbachkreis gezeichnete Tangente ist dieser Seite mit Bezug auf ihren Gegenwinkel antiparallel."

Über diesen Kreis, der schon Euler bekannt war und später von Feuerbach 1822 selbständig erneut entdeckt wurde, hat Feuerbach den weiteren Satz aufgestellt, den wir nun beweisen wollen:

Der Neunpunktekreis eines Dreiecks berührt den Inkreis und die drei Ankreise des Dreiecks.

Sei (Abb. 31) ABC das gegebene Dreieck sowie M und N die Mittelpunkte, m und n die Radien des In -und eines Ankreises; H, J, K seien die Seitenmitten. Ziehen wir die Berührungsradien ME und NF und fällen das Lot BG, so ist, da B äußerer und D innerer Ähnlichkeitspunkt der Kreise m und n ist:

$$BM : BN = m : n$$
$$DM : DN = m : n$$
$$\overline{BM : BN = DM : DN,}$$

d. h. D und B teilen NM harmonisch. Ersetze ich diese Punkte durch ihre Projektionen auf AC, so sind also auch F, D, E, G vier harmonische Punkte. Nun ist nach einem bekannten Satze $AF = EC$,

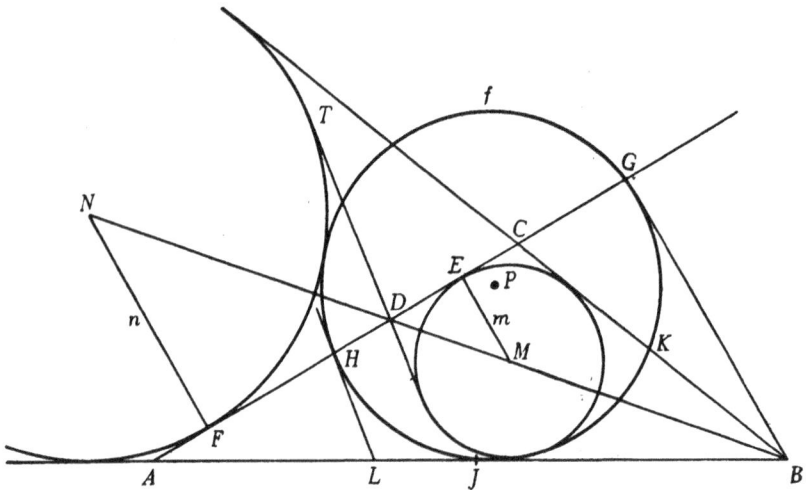

Abb. 31

mithin H nicht nur die Mitte von AC, sondern auch von FE. Wenden wir auf die vier harmonischen Punkte F, D, E, G mit der Mitte H von FE den Lehrsatz S. 11 (oben) an, so erhalten wir $HE^2 = HD \cdot HG$.

Wir unterwerfen nun die Zeichnung einer Inversion mit dem Pol H und der Potenz $r^2 = HE^2$. Da der Inversionskreis mit HE die Kreise M und N in E und F senkrecht schneidet, gehen diese beiden Kreise in sich selber über. Der Feuerbachkreis f (Mitte P) wird zu einer Geraden f'. Da er aber durch den Höhenfußpunkt G geht und wegen der Beziehung $HD \cdot HG = HE^2$ Punkt D invers zu G ist, so muß diese Gerade f' durch D gehen.

Ist nun HL die Tangente an den Neunpunktekreis im Punkte H, so ist nach dem Satz S. 27 HL antiparallel zu AC. Da aber f' zu HL parallel, also auch antiparallel zu AC ist, so muß f' identisch sein mit der durch D gehenden zweiten inneren Tangente DT an die Kreise M und N. Wie f' die Kreise M und N berührt, gilt ein Gleiches von dem zu f' inversen Neunpunktekreis f.

III. KONSTRUKTIONSAUFGABEN

a) Aufgaben aus dem Eigengebiet der Inversion

1. Den Kreis der Inversion zu finden, die zwei gegebene Kreise ineinander über-führt. Seien K und K' (Abb. 32) die gegebenen Kreise, i der gesuchte Inversionskreis, so liegt dessen Mittelpunkt O zunächst fest als (äußerer) Ähnlichkeitspunkt von K und K'. Da A und A' inverse Punkte sind, müßte die von A' an den Inversionskreis i gezogene Tangente einen Berührungspunkt Z senkrecht über A bezüglich der Zentrale liefern, und da $\sphericalangle\,OZA' = R$, ergibt sich Z (und damit i) als Schnitt des Halbkreises über OA' und des Lotes in A auf OA.

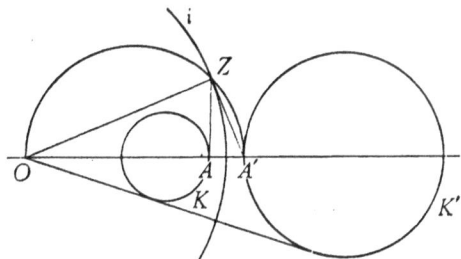

Abb. 32

2. Zwei sich schneidende ungleiche Kreise in zwei gleiche Kreise zu invertieren. Sind S und T die Schnittpunkte der beiden gegebenen Kreise M und N (Abb. 33a), so handelt es sich darum, den Kreis durch S und T zu zeichnen, der den von den Kreisen M und N in S (und T) gebildeten Winkel halbiert. Da der Winkel, den die Kreistangenten in S miteinander bilden, gleich ist dem Winkel der Radien MS und NS, so finde ich den Mittelpunkt des gesuchten Kreises, indem ich in dem Dreieck MNS die innere und äußere Winkelhalbierende SU bzw. SV zeichne. Der Kreis um U mit SU bzw. von V mit SV ist der bewußte. Nehme ich nun (Abb. 33a und b) einen beliebigen Punkt O

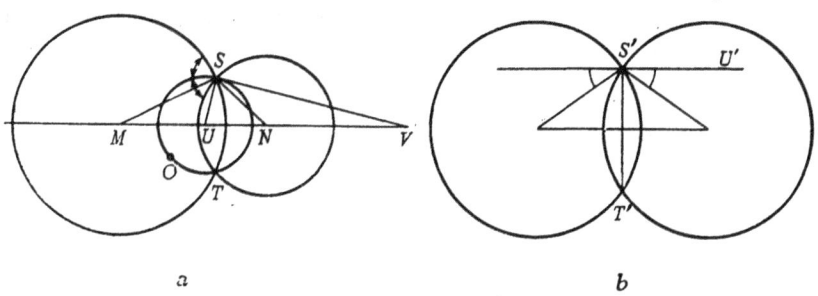

a

b

Abb. 33

des Kreises U (oder V) zum Pol und invertiere mit einer beliebigen Potenz, so wird Kreis U zu einer Geraden U' und die Kreise M und N zu zwei Kreisen, die in S', dem zu S inversen Punkt, die Gerade unter gleichen Winkeln schneiden. Zwei Kreise aber, die in einem Punkte (S') einer Geraden mit dieser gleiche Winkel bilden, und ebenso an einem zweiten Punkt (T') dieser Geraden, müssen notwendig gleiche Radien haben.

3. Zwei sich nicht schneidende Kreise durch inverse Abbildung in zwei konzentrische überzuführen. Betrachtet man die beiden Kreise als Kreise eines hyperbolischen Kreisbüschels und bestimmt zunächst die Grenzpunkte dieses

Büschels, d. h. die Grundpunkte des konjugierten elliptischen Büschels, so führt jede
Inversion mit einem dieser
Grenzpunkte als Pol den
elliptischen Büschel in einen
Strahlenbüschel und die gegebenen Kreise in zwei konzentrische über (s. Kreisbüschel!).

4. *Den Radius der Inversion
einer Geraden durch einen Grenz-
übergang aus der Formel für
den Radius der Inversen eines
Kreises abzuleiten.* Wenn ich (Abb. 34) Kreis ϱ in ϱ' an i (r) invertiere,
so ist

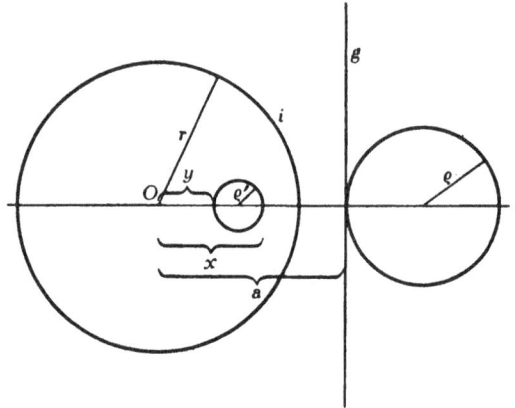

Abb. 34

$$x\,a = r^2, \quad x = \frac{r^2}{a}$$

$$y\,(a + 2\varrho) = r^2, \quad y = \frac{r^2}{a + 2\varrho}$$

$$\varrho' = \frac{x - y}{2} = \frac{\dfrac{r^2}{a} - \dfrac{r^2}{a + 2\varrho}}{2} = \frac{\varrho\,r^2}{a\,(a + 2\varrho)} = \frac{r^2}{a\left(\dfrac{a}{\varrho} + 2\right)}.$$

Lasse ich nun ϱ unter Beibehaltung von a unendlich, Kreis ϱ also zur Geraden g
werden, so wird der Radius des zu g inversen, durch O gehenden Kreises
$\varrho' = r^2/2\,a$.

b) Aufgaben, bei deren Lösung die Inversion Verwendung findet

*1. Wo liegen die Berührungspunkte aller Kreise, die sich gegenseitig paarweise
und zwei gegebene Kreise berühren?* Seien K und K_1 die beiden gegebenen,
sich in O und E schneidenden Kreise (Abb. 35a). Invertiere ich die Figur
an einem der beiden Schnittpunkte (O) mit einer beliebigen Potenz, so gehen
K und K_1 in zwei sich schneidende Geraden K' und K_1' über. Da die Berührungspunkte der zwischen K' und K_1' einzuzeichnenden Berührungskreise
auf der Winkelhalbierenden φ' liegen (Abb. 35b), so befinden sich die gesuchten
Berührungspunkte in Abb. 35a auf einem Kreis φ, der durch O und E geht und
den von K und K_1 gebildeten Winkel halbiert.

*2 Zwischen die Kreise m und n, die nicht konzentrisch sind und auch keinen
Punkt gemein haben, beschreibt man einen Kreis K_1, der m und n berührt, darauf einen Kreis K_2, der m, n und K_1 berührt, dann einen Kreis K_3, der m, n
und K_2 berührt usf. Auf was für einer Linie liegen die Punkte, in denen sich
die einbeschriebenen Kreise gegenseitig berühren? Wenn ein Kreis K_n unter
Berührung von K_1 die Reihe schließt, wird eine zweite derartige Reihe, die man*

an einem anderen Punkt beginnt, sich ebenfalls schließen? Zur Beantwortung dieser beiden Fragen denke man sich m und n nach Aufg. 3 S. 29 in zwei konzentrische Kreise m' und n' invertiert. Alle Kreise K_1', $K_2' \ldots K_n'$, die sich zwischen diese beiden konzentrischen Kreise in der vorgeschriebenen

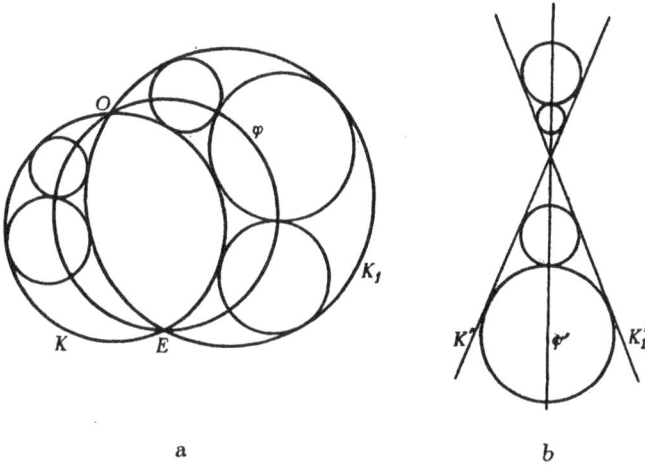

a   b

Abb. 35

Weise einbeschreiben lassen, sind dann gleich; die Berührungspunkte liegen auf einem mit m' und n' konzentrischen Kreise, der bei Rückinversion wieder zu einem Kreis wird. Wenn n Kreise die geschlossene Reihe bilden, erscheinen sie im inversen Bild als n gleiche Kreise, die gewissermaßen in n gleiche Sektoren einbeschrieben sind. Es ist ganz gleichgültig, an welcher Stelle ich die Einzeichnung der n-Kreise beginne, sie werden immer n gleiche Sektoren füllen und die Reihe schließen.

3. *Einen Kreis zu zeichnen, der durch einen gegebenen Punkt P geht, einen gegebenen Kreis berührt und einen zweiten gegebenen Kreis senkrecht schneidet.* Die Aufgabe sei gelöst und X der gesuchte Kreis (s. Abb. 36). Ich mache P zum Mittelpunkt eines beliebigen Inversionskreises, am besten eines solchen, der einen der beiden gegebenen Kreise, etwa K_1, senkrecht schneidet. Bei Ausführung der Inversion geht dann K_1 in sich selber über, K in einen Kreis K' und X in eine Gerade X'. Da bei der Inversion der Zustand der Berührung und des senkrechten Schnittes erhalten bleibt, muß X' durch den Mittelpunkt von K_1 gehen und K' berühren. Unsere Aufgabe ist demnach zurückgeführt auf die einfache Aufgabe: Durch einen Punkt (Mittelpunkt von K_1) an einen Kreis (K') die Tangente (X') zu ziehen. Invertiere ich X', so erhalte ich den gesuchten Kreis X.

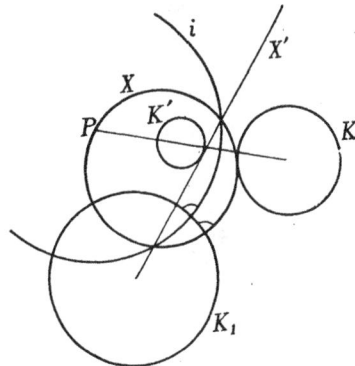

Abb. 36

Die eben behandelte Aufgabe zeigt das „Normalverfahren", nach dem die meisten der folgenden Aufgaben zu behandeln sind: Ist ein Punkt gegeben, durch den ein gesuchter Kreis verlaufen soll, so mache man diesen Punkt zum Inversionspol. Der gesuchte Kreis wird dann zu einer Geraden, deren durch die anderen Bedingungen der Aufgabe bestimmte Lage leicht zu finden ist. Rückinversion dieser Geraden liefert dann den gesuchten Kreis.

4. *Einen Kreis X zu zeichnen, der durch zwei gegebene Punkte P und Q geht und einen gegebenen Kreis senkrecht schneidet.* (Im inversen Bild: Eine Gerade X' durch $Q \equiv Q'$ und den Mittelpunkt von K' zu ziehen.)

5. *Einen Kreis X zu zeichnen, der durch einen gegebenen Punkt P geht und eine gegebene Gerade g sowie einen gegebenen Kreis senkrecht schneidet.* (Eine Gerade zu zeichnen, die durch die Mittelpunkte von g' und K' geht.)

6. *Einen Kreis X zu zeichnen, der durch einen gegebenen Punkt P geht und zwei gegebene Kreise K und K_1 senkrecht schneidet.*

7. *Einen Kreis X zu zeichnen, der durch einen gegebenen Punkt P geht, einen gegebenen Kreis K berührt und einen zweiten gegebenen Kreis K_1 unter einem gegebenen Winkel α schneidet.* Durch Inversion an Pol P kommt man zu der Kernaufgabe: Eine Gerade zu zeichnen, die Kreis K' berührt und Kreis K_1' unter dem Winkel α schneidet. Schneidet aber eine Gerade X' einen Kreis K_1' unter $\not\subset \alpha$, so ist damit, wie Abb. 37 zeigt, der Abstand a der Geraden vom Kreismittelpunkt festgelegt, und die Gerade wird zur Tangente an einen konzentrischen Kreis K_1'' vom Radius a. Diesen Radius a findet man, indem man an einer beliebigen Stelle eine K_1' unter α schneidende Sehne zieht und auf diese das Lot a fällt.

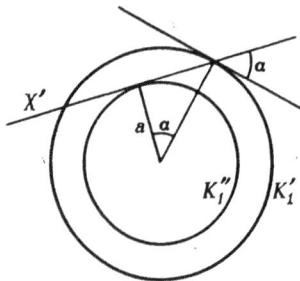

Abb. 37

Unsere Aufgabe löst sich also, im ganzen betrachtet, in folgender Weise. Man wählt, indem man von P eine Tangente an K zieht, den Inversionskreis i so, daß er K senkrecht schneidet, und invertiert K_1 in K_1'. Darauf bestimmt man (etwa in einer Sonderzeichnung) den Radius a des Kreises K_1'', der zum Schnitt der Sehne unter $\not\subset \alpha$ gehört, und zeichnet die gemeinsame Tangente X' an $K \equiv K'$ und K_1''. Deren Inverse ist dann der gesuchte Kreis X. Da zu den beiden Kreisen K und K_1'' zwei innere und zwei äußere Tangenten gehören, hat die Aufgabe im allgemeinen Fall 4 Lösungen.

8. *Einen Kreis X zu zeichnen, der durch zwei Punkte P und Q geht und einen gegebenen Kreis unter einem Winkel α schneidet.* (Durch Inversion an P, die K in sich selber transformiert, wird X' zu einer durch Q' gehenden Tangente an Kreis K'', der entsprechend $\not\subset \alpha$ um den Mittelpunkt von $K \equiv K'$ mit verkürztem Radius beschrieben ist.)

9. *Einen Kreis X zu zeichnen, der durch einen gegebenen Punkt P geht, eine gegebene Gerade g berührt und einen gegebenen Kreis K unter $\not\subset \alpha$ schneidet.*

10. *Einen Kreis X zu zeichnen, der durch einen Punkt P geht, eine Gerade g unter* $\not< \alpha$ *und einen Kreis K unter* $\not< \beta$ *schneidet.* (Inversion um P führt g und K in zwei Kreise g' und K' über, und es handelt sich nun darum, an die zu g' und K' konzentrischen Kreise g'' und K'' die gemeinsame Tangente X' zu ziehen.)

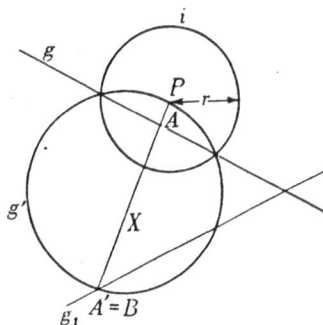

11. *Einen Kreis X zu zeichnen, der durch einen Punkt P geht, einen Kreis K unter* $\not< \alpha$ *und einen zweiten Kreis* K_1 *unter* $\not< \beta$ *schneidet.*

Während die bisher behandelten Aufgaben ihren ganzen Lösungsgang der Inversion

Abb. 38

unterordneten, benutzen die nun noch folgenden Konstruktionen die inverse Abbildung mit größerer Freiheit. Sie invertieren nur einen Teil ihrer Zeichnung oder verwenden gar verschiedene Inversionen.

12. *Durch einen gegebenen Punkt P eine Gerade X zu zeichnen, die zwei gegebene Gerade g und* g_1 *in A und B so schneidet, daß das Produkt* $PA \cdot PB$ *einen gegebenen Wert* r^2 *hat.* Lösung (Abb. 38): Eine Inversion von P mit r^2 führt g in Kreis g' über. Schneidet g' die Gerade g_1 (die nicht invertiert wird) in A', so ist A' die Inverse zu einem Punkt A auf g und man hat $PA \cdot PA' = r^2$. Da A' aber auf g_1 liegt, hat man in A' zugleich den zweiten gesuchten Punkt B, für den $PA \cdot PB = r^2$ ist.

13. *Durch den einen Schnittpunkt P zweier gegebener Kreise K und* K_1 *die Doppelsehne zu ziehen, deren Abschnitte ein gegebenes Produkt* r^2 *bilden.* Lösung (Abb. 39): Inversion um P mit r^2 führt Kreis K in Gerade K' über. K' schneidet K_1 in B, und PB Kreis K in A. Dann ist $PA \cdot PB = r^2$.

14. *In einen gegebenen Kreis K ein Viereck PQRS einzuzeichnen, dessen Seiten durch vier gegebene Punkte A, B, C, D laufen.*
Man arbeitet mit vier Inversionen, um A, B, C, D, die jedesmal den Kreis in sich selber überführen. Da wir die vier Punkte (Abb. 40) im Innern des Kreises angenommen haben, kann es sich nur um elliptische Inversionen handeln. Die Inversion A führt also z. B. P in Q über, Inversion B Punkt Q in R, Inversion C Punkt R in S, Inversion D Punkt S in P. Wir invertieren nun A durch B nach A', A' durch C nach A'', A'' durch D nach A'''. Weiter invertieren wir in umgekehrter Reihenfolge D durch C nach D', Punkt D' durch B nach D'' und D'' durch A nach D'''. Ziehe ich nun die Gerade PD''' und frage mich, was die Inversionen A, B, C, D aus ihr machen, so ergibt sich: Durch Inversion A wird PD''' zu einem Kreis $D''QA$, daraus durch Inversion B ein

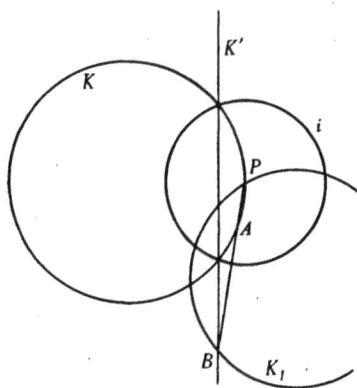

Abb. 39

Kreis $D'RA'$, hieraus durch Inversion C ein Kreis DSA'' und hieraus endlich durch Inversion D eine Gerade PA'''. Gerade PD'' geht also wieder in eine Gerade PA''' über, und da die Abbildung winkeltreu ist, muß der Winkel, den PD''' mit K bildet, gleich sein dem Winkel, den PA''' mit K einschließt. $D'''PA'''$ ist demnach eine Gerade. Da D'''

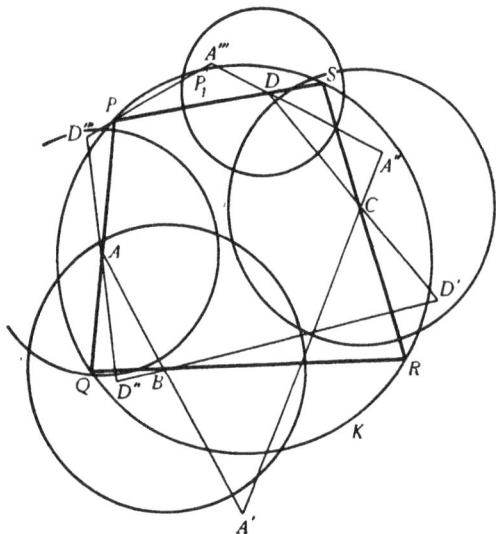

Abb. 40

und A''' durch die mehrfache Inversion konstruierbar sind, liegt damit auch P fest, womit das Viereck gezeichnet werden kann. In Abb. 40 ergeben sich als Schnitte von $D'''A'''$ mit dem Kreise zwei Punkte, P und P_1; in diesem Falle hat die Aufgabe also zwei Lösungen. Wenn wir eben sagten, daß PD''' und PA''' in dieselbe Richtung fielen, also eine Gerade bilden, so sind wir stillschweigend über eine bemerkenswerte Schwierigkeit hinweggegangen, die noch zu besprechen ist. Wie wir wissen, wird durch Inversion der Richtungssinn eines Winkels (unbeschadet seiner festen Größe) umgekehrt. Eine ungerade Zahl aufeinanderfolgender Inversionen ergibt also einen gleichen Winkel mit entgegengesetztem Drehungssinn, während eine gerade Anzahl von Inversionen den Drehungssinn wiederherstellt. Bei unserer Aufgabe kommt der letztere Fall in Betracht: $D'''P'''$ ist eine Gerade (Abb. 41). Bei einer ungeraden Zahl von Inversionen wäre statt PA''' etwa PA^{IV} entstanden, und Winkel α_2 hätte, obwohl gleich α_1 und α, entgegengesetzten Drehungssinn gehabt. $D'''PA^{IV}$ wäre dann keine Gerade geworden und der Lösungsschluß unserer Aufgabe wäre hinfällig.

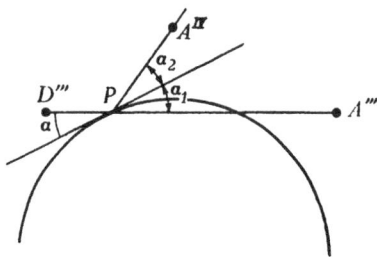

Abb. 41

IV. ZIRKELINVERSION

Wir verstehen darunter die Aufgabe, die drei grundlegenden Konstruktionen der Inversion — einen Punkt, eine Gerade, einen Kreis zu invertieren — ohne Benutzung des Lineals allein mit dem Zirkel auszuführen. Die Bedeutung dieser Aufgabe wird erst durch den nächsten Abschnitt ins rechte Licht gesetzt werden.

Voraus erledigen wir die einfache Grundaufgabe: *Eine Strecke AB zu verdoppeln* (die Strecke gilt als gegeben, insofern ihre Endpunkte bekannt sind). Man beschreibt um B (Abb. 42) den Kreis mit AB und trägt die Zirkelöffnung von A aus dreimal hintereinander auf dem Kreis ab. Ist C der End-

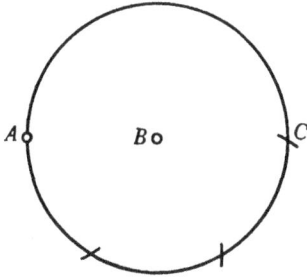

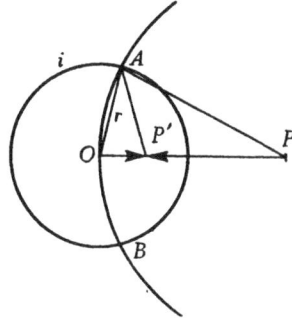

Abb. 42   Abb. 43

punkt, so ist $AC = 2 \cdot AB$. Beweis: Durch Abtragen des Kreisradius auf dem Umfang erhält man ein regelmäßiges Sechseck, bei dem zwei durch zwei Zwischenecken getrennte Punkte einander diametral gegenüberliegen. Durch Wiederholung dieser Konstruktion kann man eine Strecke beliebig vervielfachen.

Und nun die drei Grundaufgaben der Inversion.

1. Inversion des Punktes.

Wir unterscheiden zwei Fälle:

a) Der zu invertierende Punkt P ist weiter als die Hälfte des Inversionskreisradius r vom Pol O entfernt: $OP > r/2$. Man schlage um P einen Kreis, der durch O geht (Abb. 43) und den Inversionskreis i in A und B schneidet. Darauf beschreibe man um A und B Kreise mit $OA = r$, die den zu P inversen Punkt P' ergeben.

Beweis: Aus der Ähnlichkeit der Dreiecke OPA und OAP' folgt: $OP \cdot OP' = r^2$.

Ist $OP < r/2$, so versagt die Konstruktion, da der Kreis mit OP den Inversionskreis nicht schneidet. Man verfährt dann folgendermaßen.

b) $OP < r/2$. Man nehme (Abb. 44) auf der Verlängerung von OP einen Punkt N so an, daß $ON = n \cdot OP$ (n eine beliebige ganze Zahl, etwa 2) und invertiere N in N'. Nimmt man nun $OP' = n \cdot ON'$, so ist P' die Inverse zu P. Beweis: Es ist, $OP = a$ gesetzt, $ON = n \cdot a$, also $ON' = r^2/na$, demnach $OP' = n \cdot ON' = r^2/a$, d. h. $OP \cdot OP' = a \cdot r^2/a = r^2$.

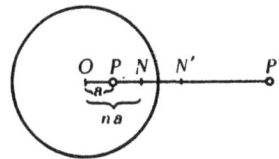

Sonderfall: Ist $OP = 2r$, so ist $OP' = r/2$. Wir haben damit die Lösung der Aufgabe: *Den Mittelpunkt einer durch ihre Endpunkte gegebenen Strecke*

Abb. 44

AB mittels des Zirkels allein zu finden. Man be-

3*

stimme C (Abb. 45) so, daß $AC = 2 \cdot AB$, schlage um A den Kreis mit AB und invertiere an diesem C nach C'. Dann ist C' die Mitte von AB.

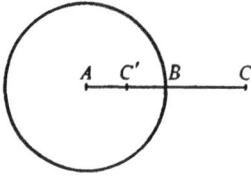

Abb. 45

2. *Inversion der Geraden.* Ist AB die gegebene Gerade (von der also nur die Punkte A und B gegeben sind; Abb. 46) und S der Fußpunkt des vom Pol auf sie gefällten Lotes, weiter $OS = SM$ und M' bzw. S' invers zu M bzw. S, so ist

$$OM \cdot OM' = r^2$$
$$OS \cdot OS' = r^2$$
$$\overline{OM \cdot OM' = OS \cdot OS'.}$$

Nun ist aber $OM = 2 \cdot OS$, mithin $OM' \cdot \frac{1}{2} OS'$. Da der Kreis, der zu AB invers ist, aber durch O und S' gehen und mit seinem Mittelpunkt auf OS liegen muß, muß M' dieser gesuchte Mittelpunkt sein. Ich zeichne demnach folgendermaßen: Ich schlage um A mit AO und um B mit BO Kreise, die sich

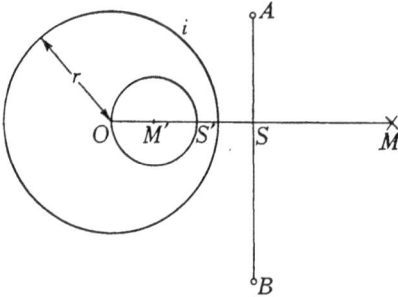

Abb. 46

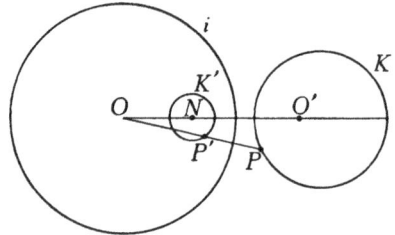

Abb. 47

in M schneiden, und invertiere M nach M'. Der Kreis um M' mit $M'O$ ist dann die Inverse zur gegebenen Geraden.

3. *Inversion des Kreises.* Zur Begründung verweisen wir auf den Lehrsatz S. 17. Wir finden danach den Mittelpunkt des zu K inversen Kreises K' folgendermaßen (Abb. 47): Man nimmt zuerst K zum Grundkreis einer Inversion, invertiert an ihm O in O' und bestimmt dann Punkt N, der bezüglich i dem Punkte O' zugeordnet ist. N ist dann der Mittelpunkt von K'. Invertiert man nun noch einen beliebigen Punkt P von K nach P', so ist NP' der Radius des Kreises K'.

V. MASCHERONISCHE KONSTRUKTIONEN

Es handelt sich bei ihnen um das Problem, alle Konstruktionen, die mit Zirkel und Lineal ausgeführt werden, ohne Benutzung des Lineals mit dem Zirkel allein zu lösen. Der italienische Mathematiker Lorenzo Mascheroni (1750—1800) hat in seinem Werk „Geometria del compasso (1797)" gezeigt, wie der Zirkel allein genüge. Sein Verfahren im einzelnen zu verfolgen, lohnt der Mühe nicht. Es hat als Ganzes mit einem Schlage seine Begründung im Jahre 1890 durch A. Adler gefunden („Die Theorie der Mascheronischen

Konstruktionen. Wiener Akademie B 99 II a, 1890"). Der überaus einfache Gedankengang beruht auf der Tatsache, daß die Inverse einer Geraden im allgemeinen ein Kreis ist. Liegt nun eine mit Zirkel und Lineal ausgeführte Konstruktion I vor und invertiert man diese von einem beliebigen Zentrum aus (das aber auf keiner der vorkommenden Linien liegen darf) in eine Zeichnung II, so wird diese, während I Kreise und Gerade enthält, nur aus Kreisen bestehen, kann also mit dem Zirkel allein durchgeführt werden. In II sind dann natürlich die Inversen der gesuchten Stücke von I enthalten, und ich brauche nur noch diese Stücke von II nach I zurück zu invertieren, um die gesuchten Stücke zu erhalten. Wir erkennen nun, wie die im vorigen Abschnitt IV behandelten Grundaufgaben der Inversion als notwendige Bindeglieder, um ohne Lineal Zeichnung I und II zu transformieren, das Verfahren der Mascheronischen Konstruktion erst ermöglichen.
Dazu einige Beispiele:

1. *Den Schnittpunkt zweier Geraden zu bestimmen.* Die Geraden seien durch je zwei Punkte A, B bzw. C, D gegeben. Ich invertiere in zwei durch den Pol gehende Kreise, die sich außer in O noch in einem Punkte P' schneiden. Rückinversion von P' liefert den gesuchten Schnittpunkt P.

2. *Von einem Punkte P auf eine Gerade g, von der nur zwei Punkte A und B gezeichnet vorliegen, das Lot l zu fällen und dessen Fußpunkt F zu bestimmen.* Mit Zirkel und Lineal verläuft die Konstruktion folgendermaßen: Kreis um A mit AP (Abb. 48) und um B mit BP ergibt Q; der

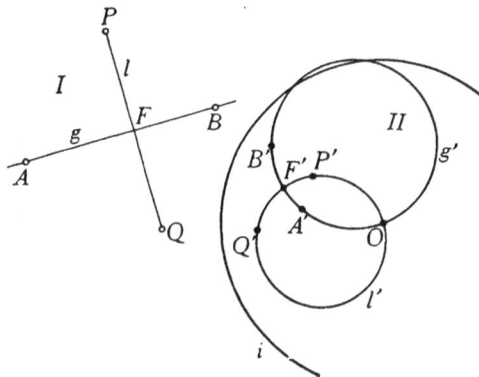

Abb. 48

Schnitt von Lot $PQ = l$ mit $AB = g$ liefert Fußpunkt F. Ohne Lineal: Nachdem Q gefunden ist, invertieren wir g in g' und l in l'. Der Schnittpunkt F' von g' und l' liefert durch Rückinversion den gesuchten Fußpunkt F.

3. *Einen Kreis durch drei Punkte A, B, C zu zeichnen.* Wir könnten in der Weise verfahren, daß wir mit einem beliebig gewählten Pol die bekannte Konstruktion invertierten: also die drei Punkte in A', B', C', dann etwa die Mittellote von AB und BC in zwei Kreise m' und n', diese beiden Kreise in M' zum Schnitt bringen und nun rückwärts M' nach M invertieren, womit der gesuchte Kreismittelpunkt gefunden wäre. Viel einfacher kommen wir zum Ziel, wenn wir C zum Inversionspol und etwa CA zum Inversionsradius machen. Invertieren wir nun B nach B', so stellt die Gerade AB' die Inverse des gesuchten Kreises dar. Wir brauchen also nur die Inverse zu der durch die beiden Punkte A und B' gegebenen Geraden zu finden, womit die Aufgabe gelöst ist.

VI. INVERSOREN

Die ausgedehnte Verwendung der Inversion bei den bisher behandelten Aufgaben legt den Gedanken nahe nach Erfindung eines Mechanismus, der, wie
der Zirkel die Kreislinie, so die Inverse zu einem Punkt, einer Geraden, einer
Kurve unmittelbar, ohne umständliche Konstruktion, liefert. Ein solcher
Apparat würde, von seinem rein mathematischen Wert abgesehen, auch
technisch von großer Bedeutung sein. Während es z. B. leicht ist, eine geradlinige Bewegung in eine kreisförmige überzuführen (man denke an die Dampf-
maschine), bereitete die umgekehrte Aufgabe, eine kreisförmige Bewegung
in eine geradlinige zu transformieren, große Schwierigkeit. Hier könnte die
Inversion eine Lösung bringen, wenn ein entsprechender Apparat, ein sog.

Inversor, die Inversion eines Kreises
in eine Gerade auf mechanische Weise
lieferte. Wir beschreiben zwei derartige Mechanismen.

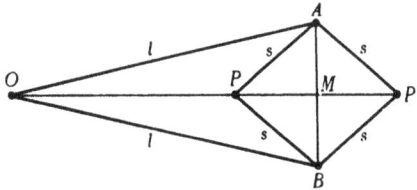

Abb. 49

1. Der Inversor von Peaucellier (1864).
Er besteht aus sechs Stangen $OA =$
$= OB = l$ und $AP = PB = BP' =$
$= P'A = s$, die (Abb. 49) gelenkartig
miteinander verbunden sind. Wir stellen
zunächst fest, daß (da $PBP'A$ eine Raute und OAB ein gleichschenkliges
Dreieck ist) die Punkte O, P, P' immer auf einer Geraden liegen. Es ist nun:

$$OP \cdot OP' = (OM - MP)(OM + MP') = (OM - MP)(OM + MP)$$
$$= OM^2 - MP^2 = (OA^2 - MA^2) - (PA^2 - MA^2)$$
$$= OA^2 - PA^2 = l^2 - s^2.$$

Das Produkt $OP \cdot OP'$ ist also konstant, P und P' sind inverse Punkte bezüglich O als Pol und der Potenz $l^2 - s^2$.

Wird bei der technischen Verwendung dieses Gestänges P durch eine Zwangs-
führung veranlaßt, sich auf einem durch O gehenden Kreisbogen zu bewegen,
so muß gleichzeitig P' die Inverse dieses Kreises, d. h. eine Gerade, beschreiben.

2. Der Inversor von Hart. Er besteht nur aus vier durch Gelenke verbun-
denen Stangen (Abb. 50) $AC = BD = l$ und $AD = BC = s$. Auf den drei
Stangen AD, AC und BD sind drei Punkte
O, P, P' derart festgelegt, daß

$$AO : OD = AP : PC \text{ und}$$
$$DO : OA = DP' : P'B.$$

Da $AB \parallel DC$, folgt aus diesen beiden Pro-
portionen zunächst, daß die Punkte O,
P, P' stets in einer Geraden liegen, wie
auch das Gestänge deformiert werden
möge. Weiter ist:

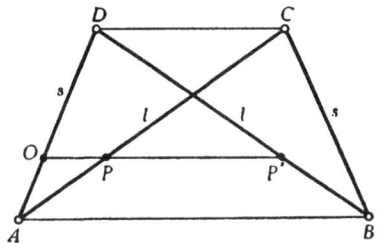

Abb 50

$$OP : DC = AO : AD; \; OP = \frac{AO \cdot DC}{s} \; \text{und}$$

$$OP' : AB = DO : AD, \; OP' = \frac{DO \cdot AB}{s}, \; \text{mithin}$$

$$OP \cdot OP' = \frac{AO \cdot DO}{s^2} \cdot DC \cdot AB.$$

Das gleichschenklige Trapez $ABCD$ ist jedoch zugleich ein Sehnenviereck, auf das der Ptolemäische Lehrsatz Anwendung findet. Das führt zu der Gleichung

$$AC \cdot BD = AD \cdot BC + DC \cdot AB$$
$$DC \cdot AB = l^2 - s^2.$$

Setzt man diesen Wert in die Gleichung für $OP \cdot OP'$ ein, so folgt:

$$OP \cdot OP' = \frac{AO \cdot DO}{s^2} (l^2 - s^2).$$

Alle Glieder der rechten Seite dieser Gleichung sind aber konstant; demnach beschreiben P und P' bei Bewegung des Gestänges zwei zueinander inverse Kurven mit O als Inversionspol und der durch die rechte Seite der Gleichung angegebenen Potenz.

Nur erwähnt sei noch ein dritter Inversor, von Kempe, der wie der von Peaucellier aus sechs Stäben besteht; bei ihm fallen jedoch die Punkte O, P und P' nicht in eine Gerade, so daß die inverse Zuordnung sich schwieriger gestaltet.

VII. DAS APOLLONISCHE BERÜHRUNGSPROBLEM

1. Das eigentliche Problem. Als umfangreichste Anwendung der Inversion auf dem Gebiet der geometrischen Konstruktionen behandeln wir ihre Verwendung zur Lösung des genannten berühmten Problems. Nicht, als ob seine Lösung mittels Inversion etwa die geistreichste wäre, sondern weil sie sich auszeichnet durch die außerordentliche Einfachheit ihres Grundgedankens.

Unter dem Berührungsproblem des Apollonius (Apollonius lebte im 3. Jahrhundert v. Chr.) versteht man die Gesamtheit der Aufgaben, die sich in der einen zusammenfassen lassen:

Einen Kreis zu zeichnen, der drei gegebene Kreise berührt.

Da bei dieser Aufgabe jeder der gegebenen Kreise zu einem Punkt oder einer Geraden (Kreise mit dem Radius 0 bzw. ∞) ausarten kann, können wir ausführlicher sagen: Von den neun Stücken — drei Punkten P, P_1, P_2, drei Geraden L, L_1, L_2, drei Kreisen K, K_1, K_2 — sind drei gegeben; man soll einen Kreis zeichnen, der die drei gegebenen Stücke berührt. Unsere Aufgabe gliedert sich demnach in folgende zehn Einzelaufgaben:

I	PP_1P_2		VII	LL_1L_2
II	PP_1L		VIII	LL_1K
III	PP_1K		IX	LKK_1
IV	PLL_1	$\Big\} A$	X	KK_1K_2 $\Big\} B$
V	PLK			
VI	PKK_1			

Die Aufgaben I und VII können als längst bekannt von vornherein ausscheiden. Die noch verbleibenden teilen wir in zwei Gruppen A (II—VI) und B (VIII—X) ein.

Gruppe A

Unter den gegebenen Stücken kommt mindestens *ein* Punkt vor. Diese Aufgaben lassen sich ohne weiteres durch Inversion lösen. Der gegebene Punkt (bzw. einer der gegebenen Punkte) heiße P, die beiden anderen gegebenen Stücke (ganz gleich, ob Punkt, Gerade oder Kreis) S und s. Der gesuchte Kreis, der also P, S und s berührt, heiße X. Wir unterwerfen S, s und X einer Inversion mit dem Zentrum P. Dadurch verwandelt sich X in die Gerade X' (da X durch P geht). Da Berührung durch Inversion nicht aufgehoben wird, muß X' die Bilder S' und s' von S und s berühren. Es handelt sich also nur darum, die gemeinsame Tangente X' an S' und s' zu zeichnen und danach X' rückwärts in seinen inversen Kreis X zu transformieren, der dann der gesuchte ist.

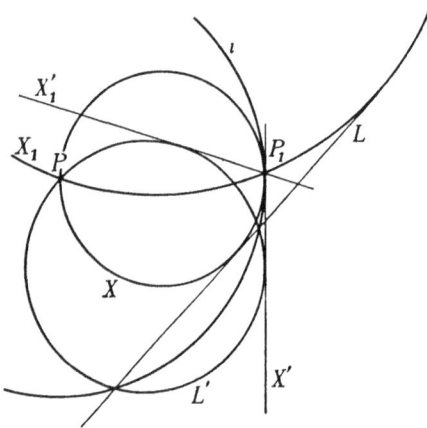

Als Beispiel sei die Aufgabe II; PP_1L geboten.

Abb 51

Lösung (Abb. 51): Man läßt den Inversionskreis ι um P am besten durch P_1 gehen. L wird invertiert zu Kreis L'. Die beiden Tangenten X' und X_1' von P_1 an L' ergeben die Lösungen X und X_1.

Grenzbetrachtung: Da sich von P_1 an L' im allgemeinen zwei Tangenten ziehen lassen, hat die Aufgabe im normalen Fall zwei Lösungen. Indessen sind folgende Fälle auszusondern:

1. Eine Lösung ist unmöglich, wenn P und P_1 auf verschiedenen Seiten von L liegen. Im inversen Bild liegt dann P_1 innerhalb von L', so daß die Ziehung einer Tangente unmöglich ist.

2. Liegt P_1 auf L, so ist die Lösung höchst einfach; es gibt nur eine Lösung.

3. Auch der Fall $PP_1 \perp L$ erledigt sich ohne Inversion: zwei zu PP_1 symmetrisch liegende Kreise.

4. Liegen P und P_1 auf einer Parallelen zu L, so artet einer der beiden Kreise zur Geraden aus. Im inversen Bild (falls man es heranziehen will) fallen X_1 und X_1' als Gerade PP_1 zusammen.

Die anderen Aufgaben der Gruppe A seien nur kurz skizziert:

III; PP_1K. Inversionskreis um P, durch P_1 laufend. Da K zu K' wird, stimmt die Lösung im inversen Bild mit Aufgabe II überein.

IV; PLL_1. L und L_1 werden zu zwei sich in P schneidenden Kreisen L' und L_1', an die die gemeinsame Tangente zu ziehen ist. Im allgemeinen zwei Lösungen.

V; PLK. Der Unterschied gegen die Lösung der vorigen Aufgabe liegt darin, daß im allgemeinen Fall L' und K' keinen Punkt gemein zu haben brauchen: vier Lösungen, entsprechend den zwei äußeren und zwei inneren Tangenten, die sich an zwei Kreise (L' und K') zeichnen lassen.

VI; PKK_1. Die Lösung deckt sich im wesentlichen mit derjenigen der vorigen Aufgabe. Die Grenzbetrachtung umfaßt viele Sonderfälle.

Gruppe B

Jede Aufgabe dieser Gruppe enthält unter den gegebenen Stücken statt eines Punktes, wie die vorigen Aufgaben, mindestens einen Kreis. Dieser heiße K, sein Zentrum M, sein Radius r; die beiden anderen gegebenen Stücke mögen wieder S und s genannt sein. Der gesuchte Kreis sei wieder X, sein Zentrum O, sein Radius χ. Wir zeichnen einen zu X konzentrischen Kreis z (Abb. 52), der durch M läuft. Der Halbmesser z dieses Kreises ist dann $\chi \pm r$, je nachdem, ob X den Kreis K von außen oder innen berührt. Fällt man jetzt von O auf S und s die Lote OF und Of, verlängert bzw. verkürzt diese um $FG = r$ und $fg = r$ und zieht durch G und g je eine Parallele P zu S bzw. p zu s (wobei eine Parallele zu einem Kreis einen konzentrischen Kreis bedeutet), so berührt der Hilfskreis z die Linien P und p und läuft durch M. Die Aufgabe ist damit auf eine der Aufgaben der Gruppe A zurückgeführt. Man ermittelt nun also den Kreis z, der P, p und M berührt; dann ist der zu z konzentrische Kreis X mit dem Halbmesser $z \mp r$ der gesuchte.

So einfach an sich dies Verfahren der Zurückführung auf frühere Aufgaben nun auch ist, so darf es doch nicht schematisch angewandt werden, sondern bedarf von Fall zu Fall der Überprüfung. Es wäre falsch, zu schließen, daß alle Lösungen der „reduzierten" Aufgaben nun auch zu Lösungen der

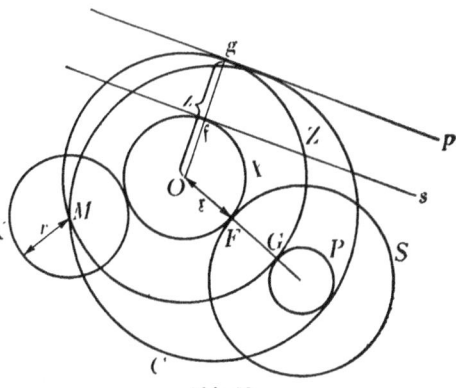

Abb. 52

ursprünglichen Aufgaben führten. In Abb. 52 beispielsweise ist Kreis C, der ebenso wie z die Stücke M, P und p berührt, nicht brauchbar. Weder eine Verlängerung noch eine Verkürzung seines Radius um r würde aus ihm einen Kreis machen, der K, S und s berührt. Unsere in Abb. 52 gegebene Zurückführung der Aufgabe KK_1L (KSs) auf die Aufgabe PKL (MPp) gilt eben nur für einen Kreis, der K und K_1 (K und S) von außen berührt, und unter der Voraussetzung, daß der Radius von K_1 (S) größer als der von K ist.

Am einfachsten liegen die Verhältnisse bei Aufgabe VIII LL_1K, die auf Aufgabe IV PLL_1 zurückzuführen ist. Im allgemeinen Fall ergeben sich vier Lösungen.

Schwierigkeiten treten auf, sobald zwei Kreise gegeben sind, da sich dann je nach Wahl der äußeren (a) oder inneren (i) Berührung verschiedene Kombinationen ergeben, die in ihren Lösungen voneinander zu trennen sind.

IX LKK_1, zurückzuführen auf V PLK, weist folgende Fälle auf:

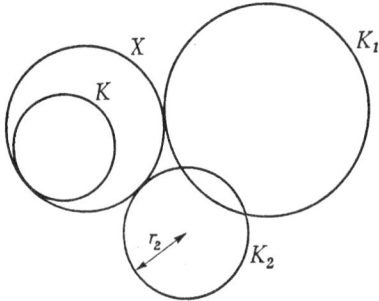

Abb. 53

	I	II	III	IV
L	—	—	—	—
K	a	a	i	i
K_1	a	i	a	i

Die Schlußaufgabe X KK_1K_2 faßt alle anderen Aufgaben des Apollonischen Berührungsproblems als Sonderfälle in sich. Es wäre aber freilich unsinnig, etwa die höchst einfachen Lösungen von PP_1P_2, LL_1L_2 oder PP_1L aus dem Komplex der Lösungen von Aufgabe X durch Spezialisierung ableiten zu wollen. Wir haben bei Aufgabe X acht verschiedene Fälle zu unterscheiden:

	I	II	III	IV	V	VI	VII	VIII
K	a	a	a	a	i	i	i	i
K_1	a	a	i	i	a	a	i	i
K_2	a	i	a	i	a	i	a	i

Als Beispiel sei Fall V (iaa) behandelt.

Abb. 53 zeigt, daß eine Zurückführung auf die Aufgabe VI PKK_1 am bequemsten auf die Weise erfolgen kann, daß man den kleinsten Kreis K_2 zum Punkt zusammenschrumpfen, demnach K_1 um r_2 sich verengern, dagegen K um r_2 sich erweitern läßt. Die sich so ergebenden „reduzierten" Gebilde bezeichnen wir mit deutschen Buchstaben: $\mathfrak{K}$, $\mathfrak{K}_1$, $\mathfrak{P}$. Die so erhaltene (Abb. 54a) „reduzierte" Zeichnung übertragen wir, um die Durchführung der inversen Abbildung klar zutage treten zu lassen, in eine neue Zeichnung (Abb. 54b), konstruieren in dieser den Kreis $\mathfrak{X}$, der $\mathfrak{K}$, $\mathfrak{K}_1$ und $\mathfrak{P}$ berührt, übertragen diesen wieder nach Abb. 54a und gewinnen aus ihm den gesuchten Schlußkreis X, der K, K_1K_2 in der Form iaa berührt.

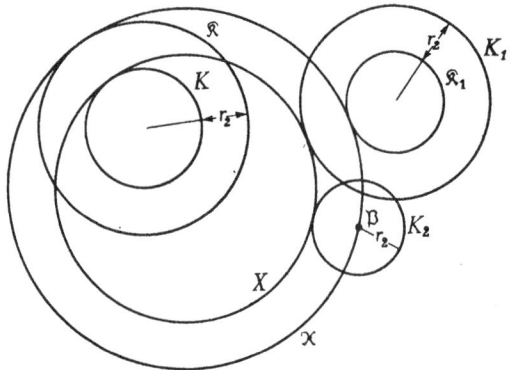

Abb. 54a

Der Radius des Inversionskreises i wurde so gewählt, daß i den Kreis $\Re$ recht-winklig durchsetzt. $\Re$ geht dann in sich selber über. — Von den vier gemein-samen Tangenten, die sich an $\Re \equiv \Re'$ und $\Re_1'$ ziehen lassen, ist nur die gezeichnete $\mathfrak{X}'$ brauchbar, da nur sie einen Kreis $\mathfrak{X}$ liefert, der $\Re$ von innen und $\Re_1$ von außen berührt, woraus ein Kreis X (s. wieder Abb. 54a) hervor-

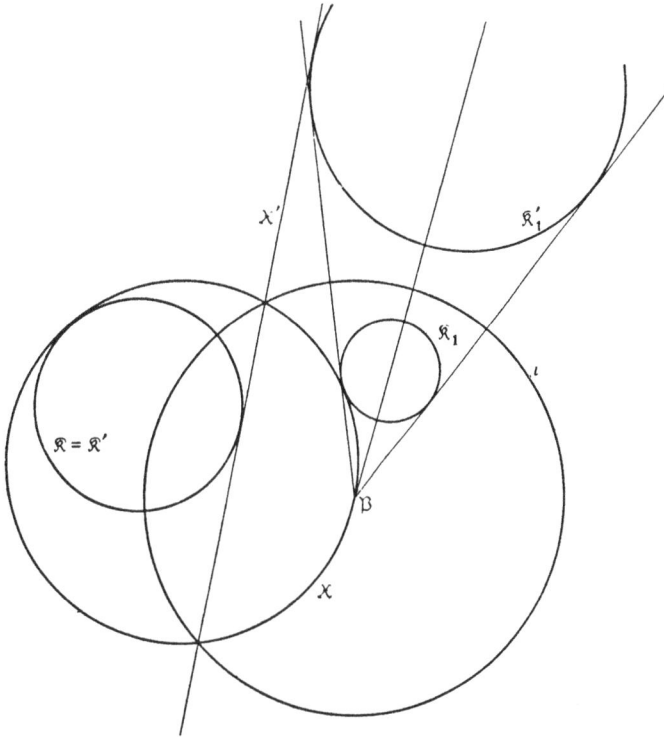

Abb. 54b

gehen kann, der gemäß dem vorgelegten Schema $i\,a\,a\ K$ von innen sowie K_1 und K_2 von außen berührt.

Zum Schluß dieses Abschnittes eine kurze Bemerkung über die von vorn-herein als zu einfach ausgeschiedenen Aufgaben I $P\,P_1\,P_2$ und VII $L\,L_1\,L_2$. Sie entziehen sich natürlich nicht einer Lösung durch Inversion: bei I liefert die Verbindungslinie $P_1'P_2'$ den gesuchten Kreis, und VII läßt sich durch Inversion in $K\,K_1\,K_2$ oder $L\,L_1\,K$ oder $L\,K\,K_1$ überführen, womit der Anschluß an die Gesamtlösung durch Inversion erreicht ist.

2. Aufgaben, die sich auf das Apollonische Berührungsproblem zurückführen lassen

a) *Einen Kreis zu zeichnen, der durch zwei Punkte P und P_1 geht und eine Gerade L unter einer Sehne mit der Bogenhöhe a schneidet.*

Verschiebt man L um a in die Lage l, so wird l von X berührt (Abb. 55).
Unsere Aufgabe läßt sich also ohne weiteres zurückführen auf die Aufgabe
II PP_1L des Apollonischen Berührungsproblems.

Bei den im folgenden genannten Aufgaben sind die entsprechenden Grund-
konstruktionen des Apollonischen Berührungsproblems kurz angegeben.

b) *Einen Kreis zu zeichnen* (E. Kr. z. z.), *der durch P und P_1 geht und dessen
kleinster Abstand von L gleich a ist.* II PP_1L.

c) *E. Kr. z. z., der durch P geht, L berührt, und dessen Mittelpunkt auf L_1 liegt.*
Mit P und L_1 ist auch das Spiegelbild P_1 von P bezüglich L_1 als Kreispunkt
gegeben und damit die Aufgabe auf II PP_1L

zurückgeführt.

d) *E. Kr. z. z., der durch P geht, L berührt und
L_1 unter einer Sehne mit der Bogenhöhe a schneidet.*
IV PLL_1.

e) *E. Kr. z. z., der durch P geht, K berührt und
dessen Mittelpunkt auf L liegt.* Spiegelung an L:
neuer Kreispunkt P_1. III PP_1K.

f) *E. Kr. z. z., der durch P geht, K berührt und
L unter einer Sehne mit der Bogenhöhe a schneidet.*
V PLK.

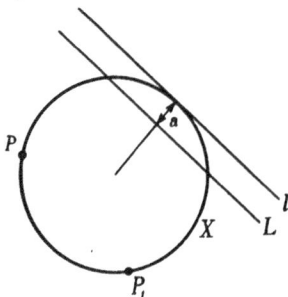

Abb. 55

g) *E. Kr. z. z., der L und K berührt und dessen Mittelpunkt auf L_1 liegt.* L an
L_1 spiegeln! VIII LL_1K.

h) *E. Kr. z. z., der K und K_1 berührt und dessen kleinster Abstand von L gleich
a ist.* IX LKK_1.

i) *E. Kr. z. z., der K und K_1 berührt und dessen Mittelpunkt auf L liegt.* K an
L spiegeln! X KK_1K_2.

Weiterführende Aufgaben dieser Art s. z. B. bei Lieber-v. Lühmann, Geom.
Konstruktions-Aufgaben, 13. Aufl. S. 106 ff.

VIII. DIE INVERSION IN DER GEOMETRIE DER HÖHEREN KURVEN

A) *Inverse Kurven.* Die mannigfachen Beziehungen, in denen die höheren
Kurven zu einander stehen, haben ihren wesentlichen Grund darin, daß Abbildungsverfahren bestehen, die es gestatten, eine Kurve in eine andere über-
zuführen. Hier ist an erster Stelle die Inversion zu nennen. So sind Kardioide
und Parabel, Strophoide und gleichseitige Hyperbel, Kreisevolvente und
Traktrix inverse Kurven. Dieses Thema ausführlich zu behandeln, kann hier
unsere Aufgabe nicht sein, da hierzu eine eingehendere Kenntnis der höheren
Kurven vonnöten wäre. Wir müssen uns mit der Darstellung einzelner einfacher Beispiele begnügen. Da bei einer inversen Abbildung alle Paare inverser
Punkte auf konzentrischen, von einem Punkt ausgehenden Strahlen liegen,
ist es naheliegend, die Gleichung der zu transformierenden Kurve in Form
von Polarkoordinaten aufzustellen, wobei Koordinatenpol und Inversionspol

zusammengelegt werden. Hat die gegebene Kurve die Polarkoordinaten r, φ und die inverse Kurve r', φ (φ bleibt ja unverändert), und besteht die inverse Zuordnung in der Vorschrift $rr' = K^2$, so ist aus der Urgleichung die Gleichung der transformierten Kurve durch Einsetzen von $r = \dfrac{K^2}{r'}$ sofort zu erhalten.

1. Sätze allgemeiner Art

a) *Inverse Kurven und Fußpunktkurven.* Zunächst zwei Vorbemerkungen. Unter einer Kurve $n$ter Ordnung versteht man eine Kurve, die von jeder Geraden der Ebene in n (reellen oder imaginären) Punkten geschnitten wird. Ihr entspricht (ist „dual“ zugeordnet) die Kurve $n$ter Klasse: durch jeden Punkt der Ebene lassen sich n Tangenten an die Kurve ziehen. Die Kegelschnitte z. B. sind zweiter Ordnung und zweiter Klasse. Man beachte die duale Zuordnung; es entsprechen sich Punkt und Gerade: Punkte auf der Kurve entsprechen Tangenten an die Kurve. — Eine sogenannte Fußpunktkurve einer gegebenen Kurve erhält man, wenn man von einem festen Punkt der Ebene auf alle Tangenten der gegebenen Kurve die Lote fällt und die Fußpunkte dieser Lote miteinander verbindet.

Wir sahen oben, daß man die Inverse eines Punktes P erhält, wenn man auf die Polare von P bezüglich des Inversionskreises das Lot fällt. Nun umhüllen (Abb. 56) die Polaren zu den Punkten einer Kurve

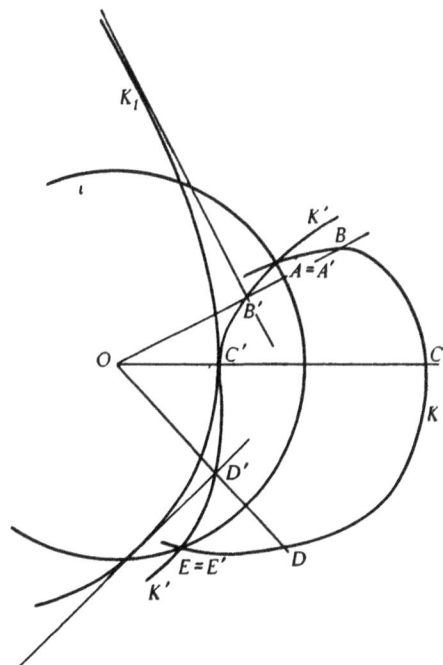

Abb 56

K bezüglich eines Leitkreises ι eine zu K polare Kurve K_1, die K dual zugeordnet ist. Ist die Kurve K von der $n$ten Ordnung, so ist K_1 von der $n$ten Klasse. Fällt man nun weiter auf die Tangenten von K_1 (also die Polaren von K) die Lote aus dem Zentrum O des Leit- oder Inversionskreises, so liegen deren Fußpunkte auf der zu K inversen Kurve K'. *Zu einer Kurve $n$ter Ordnung ist demnach invers die Fußpunktkurve einer Kurve $n$ter Klasse bezüglich des Inversionszentrums. Umgekehrt ist jede Fußpunktkurve einer Kurve $n$ter Klasse zu einer Kurve $n$ter Ordnung invers. Jede Fußpunktkurve eines Kegelschnittes (Kurve 2. Klasse) ist im besonderen wieder zu einem Kegelschnitt (Kurve 2. Ordnung) invers.*

Abb. 57 bietet dazu ein Beispiel. Sie zeigt als Grundkurve eine Parabel K mit dem Scheitel S und dem Brennpunkt F. Nimmt man auf deren Achse nun einen Punkt O so an, daß $OS = SF$ ist, und fällt von O die Lote auf die Parabeltangenten, so erhält man die Fußpunktkurve K_1, die eine Schleife mit dem Scheitel S und dem Doppelpunkt O hat, eine sogenannte Strophoide. Invertiert man diese nun am Zentrum O mit der Potenz $\overline{OS}^2$, so wird daraus wieder ein Kegelschnitt, nämlich eine gleichseitige Hyperbel mit den Scheiteln O und S.

Die rechnerische Bestätigung nach dem Verfahren der analytischen

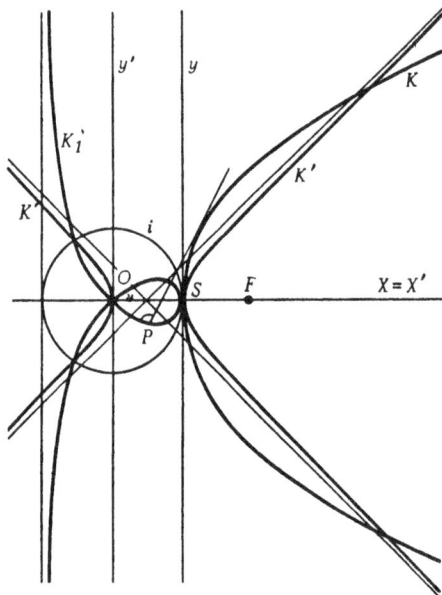

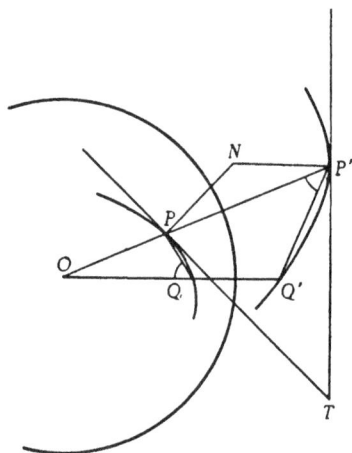

Abb. 57   Abb. 58

Geometrie sei wenigstens angedeutet: Aus der Parabelgleichung $y^2 = 2\,p\,x$, der Tangentengleichung $y\,y_1 = p\,(x + x_1)$ und der Gleichung des Lotes $OP \equiv y = -\dfrac{y_1}{p}\left(x + \dfrac{p}{2}\right)$ ergibt sich, wenn man das Koordinatensystem noch um $\dfrac{p}{2}$ nach O schiebt, für K_1 die Gleichung $y' = x'\sqrt{\dfrac{\dfrac{p}{2} - x'}{\dfrac{p}{2} + x'}}$, die sich in Polarkoordinaten schreiben läßt $r = \dfrac{p}{2}\,\dfrac{\cos 2\varphi}{\cos\varphi}$ (Gleichung der Strophoide). Führt man nun die Inversion $r\,r' = \dfrac{p^2}{4}$, $r = \dfrac{p^2}{4\,r'}$ ein, so gelangt man zu der Gleichung $r'\cos^2\varphi - r'\sin^2\varphi = \dfrac{p}{2}\cos\varphi$. Multipliziert man diese mit r' und setzt $r'\cos\varphi = x'$, $r'\sin\varphi = y'$, ersetzt also die Polarkoordinaten durch kartesische, so kommt man endlich zu der Gleichung $\left(x' - \dfrac{p}{4}\right)^2 - y'^2 = \left(\dfrac{p}{4}\right)^2$, die eine gleichseitige Hyperbel K' mit den Scheiteln O und S darstellt.

b) *Tangenten und Krümmungsmittelpunkte inverser Kurven.*

α) Wie wir wissen, ist für zwei inverse Punktepaare (Abb. 58) PP' und QQ' die Gerade $P'Q'$ antiparallel zu PQ. Lassen wir nun Q auf P und damit Q' auf P' und QQ' auf OP' fallen, lassen wir also die beiden Sekanten PQ und $P'Q'$ zu Tangenten PT und $P'T$ werden, so bleibt die Bedingung der Antiparallelität erhalten, und es ist $\sphericalangle\,TPP' = \sphericalangle\,TP'P$. *Die Tangenten in zwei inversen Punkten bilden also mit dem Fahrstrahl ein gleichschenkliges Dreieck.* Ein Gleiches gilt natürlich von den Normalen PN und $P'N$. Mit diesem Satz ist mir die Möglichkeit gegeben, in einem Punkte P einer Kurve die Tangente zu ziehen, vorausgesetzt, daß ich ihre inverse Kurve kenne und in dem entsprechenden Punkte P' dieser inversen Kurve die Tangente leicht zeichnen kann. So läßt sich z. B. die Strophoidentangente als Antiparallele zur Hyperbeltangente leicht erhalten.

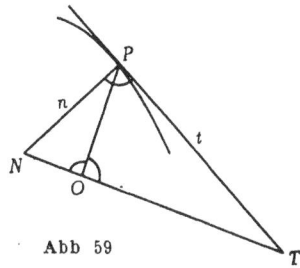

Abb 59

β) Der *Krümmungskreis* einer Kurve im Punkte P geht durch drei unendlich nah benachbarte Kurvenpunkte, der Krümmungskreis im inversen Punkt P' also ebenfalls durch drei Nachbarpunkte der inversen Kurve, die zu den drei Punkten der ursprünglichen Kurve invers sind. Also sind auch die beiden Krümmungskreise zueinander invers, und da inverse Kreise bezüglich des Poles in ähnlicher Lage sind, so *liegen die beiden Krümmungsmittelpunkte mit dem Pol in gerader Linie.*

γ) *Lehrsatz: Sind P und P' entsprechende Punkte zweier inverser Kurven, so werden die beiden zu ihnen gehörigen Polarnormalen durch die auf ihnen liegenden Krümmungsmittelpunkte in demselben Verhältnis geteilt, und zwar ist der eine Krümmungsmittelpunkt ein innerer, der andere ein äußerer Teilpunkt.*

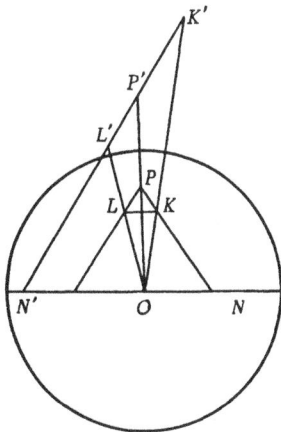

Vorbemerkung: Sind (Abb. 59) PT und PN Tangente bzw. Normale in einem Kurvenpunkt P und ist OP der Fahrstrahl vom Koordinatenanfangspunkt, NT das Lot auf OP, so nennt man die Strecke PT Polartangente und PN Polarnormale, OT Polarsubtangente und ON Polarsubnormale. Der sich der Kurve in P anschmiegende Krümmungskreis hat seinen Mittelpunkt natürlich auf der Polarnormalen.

Abb 60

Beweis: O sei der Inversionspol (Abb. 60), P und P' seien entsprechende Punkte inverser Kurven, K und K' die zugehörigen Krümmungsmittelpunkte, deren Verbindungslinie durch O läuft. Trifft die auf dem Fahrstrahl OP in O errichtete Senkrechte die Geraden PK und $P'K'$ in N und N', so sind PN und $P'N'$ die zu P und P' gehörigen Polarnormalen, die in bezug auf OP antiparallel sind. Zieht man also durch K zu NN' und durch P zu $P'N'$ die Parallelen, die sich in L schneiden, so ist $\triangle\,PLK$, folglich auch $\triangle\,OLK$

gleichschenklig; mithin halbiert PO den Winkel LOK. Es sind daher die Strahlen OP, ON', OL, OK harmonisch, sie treffen also die Gerade $N'P'$ in den vier harmonischen Punkten P', N', L', K'. Daraus folgt:

$$N'L' : L'P' = \underline{N'K' : P'K' = NK : KP}.$$

2. Beispiele inverser Kurven

a) *Die Boothschen Lemniskaten als Inversen von Ellipsen oder Hyperbeln.* Ellipse und Hyperbel haben die Mittelpunktsgleichungen

$$\frac{x^2}{a^2} \pm \frac{y^2}{b^2} = 1 \text{ oder in Polarkoordinaten}$$

$$r^2 = \frac{a^2 b^2}{b^2 \cos^2\varphi \pm a^2 \sin^2\varphi} ; \begin{pmatrix} + \text{ für Ellipse} \\ - \text{ für Hyperbel} \end{pmatrix}.$$

Invertiere ich nun mit dem Mittelpunkt O als Pol und der beliebigen Potenz $K^2 \left(\text{also: } rr' = K^2; r = \frac{K^2}{r'}\right)$, so folgt:

$$\frac{K^4}{r'^2} = \frac{a^2 b^2}{b^2 \cos^2\varphi \pm a^2 \sin^2\varphi}$$

$$r'^2 = \frac{K^4 \cos^2\varphi}{a^2} \pm \frac{K^4 \sin^2\varphi}{b^2}$$

oder mit Wiedereinführung kartesischer Koordinaten

$$\left(\cos\varphi = \frac{x}{r'} = \frac{x}{\sqrt{x^2+y^2}}; \sin\varphi = \frac{y}{\sqrt{x^2+y^2}}\right):$$

$$x^2 + y^2 = \frac{K^4 x^2}{a^2(x^2+y^2)} \pm \frac{K^4 y^2}{b^2(x^2+y^2)}$$

$$(x^2+y^2)^2 = \frac{K^4}{a^2} x^2 \pm \frac{K^4}{b^2} y^2.$$

Das sind die Gleichungen der sogenannten Boothschen Lemniskaten, die später (B IV 9) noch einmal von uns besprochen werden. Als Inverse der

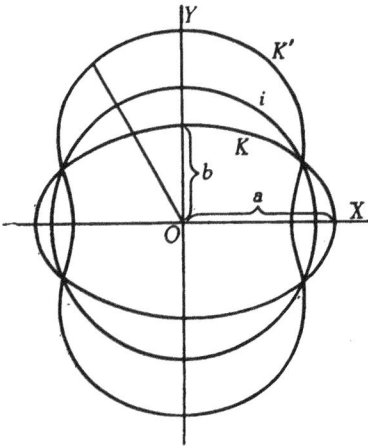

Abb. 61

Ellipse ergibt sich die elliptische Lemniskate (Abb. 61) und als Inverse der Hyperbel die hyperbolische Lemniskate. Da die Hyperbel zwei unendlich ferne Punkte hat, die bei der Transformierung in das Inversionszentrum O fallen, so haben die hyperbolischen Lemniskaten einen Doppelpunkt im Inversionspol und sind in ihrer Form etwa einer 8 vergleichbar.

Nehmen wir als Kegelschnitt eine gleichseitige Hyperbel ($a^2 = b^2$), so folgt $(x^2+y^2)^2 = \frac{K^4}{a^2}(x^2-y^2)$ und im besonderen, wenn man den Radius des Inversionskreis $K = a$ nimmt,

$$(x^2 + y^2)^2 = a^2 (x^2 - y^2).$$

Das ist als Sonderfall der hyperbolischen Lemniskaten, die Bernoullische Lemniskate, die übrigens zugleich Fußpunktkurve derselben Hyperbel ist. Von ihr wollen wir etwas mehr hören.

b) *Die Bernoullische Lemniskate als Inverse der gleichseitigen Hyperbel.* An ihr sei beispielhaft gezeigt, wie die inverse Abbildung zu neuen Sätzen und Konstruktionen führt. Wir führen zunächst die Inversion der gleichseitigen Hyperbel in eine Lemniskate in Abb. 62 durch. Der Inversionskreis um den Hyperbelmittelpunkt O hat den Radius a, gleich der halben Hauptachse der Hyperbel.

α) Normalenkonstruktion der Lemniskate. Man findet die Tangente in einem Punkte P der gleichseitigen Hyperbel, indem man um P mit PO einen Kreis schlägt, der die Asymptoten in U und V schneidet. UV ist dann die Tangente. Bezeichnet man ∢ POF mit φ, so berechnet sich leicht der Winkel, den die Hyperbelnormale mit dem Fahrstrahl OP bildet, zu 2φ. Da die Normalen der Hyperbel und der Lemniskate als ihrer Inversen antiparallel bezüglich des Fahrstrahls sind, ist ∢ $OP'N = 2\varphi$. Wir stellen demnach fest

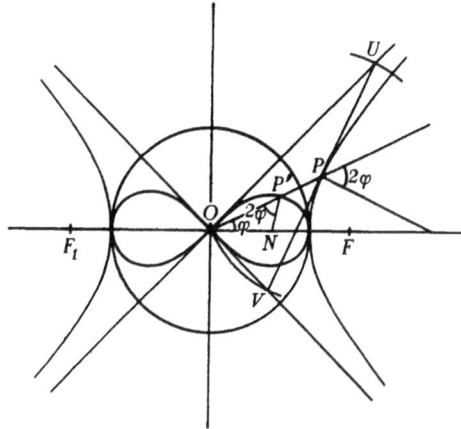

Abb 62

Um für einen Lemniskatenpunkt P' die Normale zu erhalten, verbindet man P' mit dem Kurvenmittelpunkt O und trägt das Doppelte des Winkels, den der Fahrstrahl mit der Achse bildet, an OP' in P' auf der Innenseite der Kurve an.

Von der Wiedergabe einer zweiten Normalen-Konstruktion, die sich auch auf dem Wege der Inversion ergibt, wollen wir absehen.

β) Dagegen wollen wir noch eine einfache Konstruktion des Krümmungsmittelpunktes beider Lemniskate zeigen. Da bei der gleichseitigen Hyperbel der Krümmungsmittelpunkt die Polarnormale *außen* im Verhältnis 1 : 2 teilt, so muß nach dem Satz S. 47 das zu einem

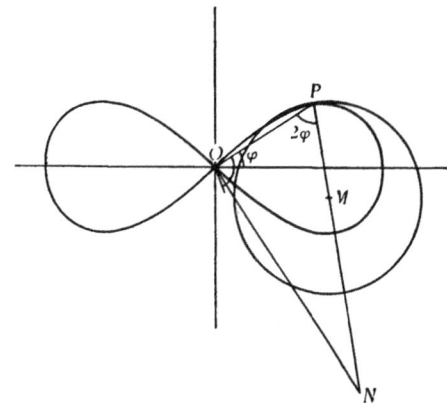

Abb 63

Lemniskatenpunkt gehörige Krümmungszentrum die Polarnormale, auf der es liegt, *innen* im Verhältnis 1 : 2 teilen. Man zieht also (Abb. 63) den Fahrstrahl OP und trägt an ihm den Winkel 2φ an, dessen freier Schenkel die auf OP in O errichtete Senkrechte in N trifft. PN ist dann die Polarnormale. PN teilt man in drei gleiche Teile; dann ist der P benachbarte Teilpunkt M das zu P gehörige Krümmungszentrum.

γ) **Die Lemniskate als Hüllkurve.** Jede Hyperbeltangente UV geht bei der inversen Abbildung über in einen Kreis, der durch O geht und die Hyperbelasymptoten in zwei Punkten U' und V' schneidet. Da für die Hyperbeltangente das Produkt $OU \cdot OV$ konstant ist, gilt ein gleiches für das Produkt $OU' \cdot OV'$. Wie die Hyperbeltangenten die Hyperbel, hüllen diese durch O gehenden Kreise die Lemniskate ein. Wir können also sagen:

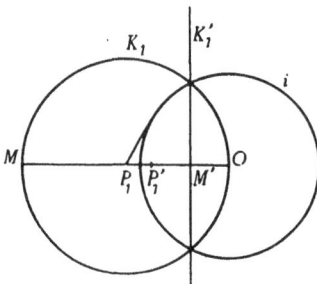

Abb. 64

Die Lemniskate ist Hüllkurve aller durch den Scheitel O eines rechten Winkels laufenden Kreise, die dessen Schenkel so in Punkten U' und V' schneiden, daß das Produkt der Abschnitte OU' und OV' einen konstanten Wert hat.

δ) *Tangentenkonstruktion der Lemniskate.* Vorbemerkung (Abb. 64). Geht ein Kreis K_1 mit dem Mittelpunkt P_1 durch den Pol O, so wird bei der Inversion K_1 zu einer auf OP_1 senkrechten Geraden K_1'. Punkt P_1 gehe in P_1' und der zu O diametrale Punkt M des Kreises in M' über. M' ist dann der Punkt, in dem K_1' auf OP_1 senkrecht steht. Da P_1 die Mitte von OM ist, muß auch M' die Mitte von OP_1' sein;

aus $OP_1 \cdot OP_1' = OM' \cdot OM$

folgt nämlich $OM' = \dfrac{OP_1' \cdot OP_1}{OM} =$

$= \dfrac{OP_1' \cdot OP_1}{2 \cdot OP_1} = \dfrac{OP_1'}{2}$.

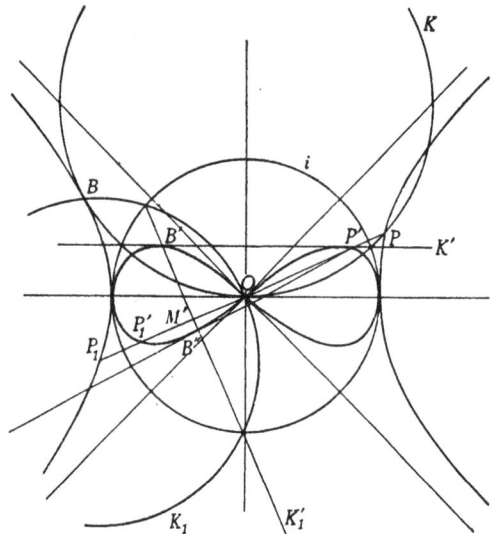

Abb. 65

Es gilt der Hyperbelsatz: Legt man durch einen Punkt P (Abb. 65) einer gleichseitigen Hyperbel und den Hyperbelmittelpunkt O einen Kreis K, der die Hyperbel in einem Punkt B berührt, so liegt B auf einem Kreis K_1, der durch O geht und dessen Mittelpunkt P_1 der zweite Endpunkt des durch P laufenden Durchmessers ist.

Durch Inversion wird K zu einer durch den Lemniskatenpunkt P_1 gehenden Geraden K', die die Lemniskate in B' berührt. Unserer Vorbemerkung entsprechend wird K_1 zu einer Geraden K_1', die durch B' geht und auf OP_1' im Mittelpunkt M' senkrecht steht.

Um also von einem Lemniskatenpunkt P' die Tangenten an die Lemniskate zu legen, zieht man den Durchmesser $P'OP_1'$ und errichtet auf OP_1' das Mittellot.

Dieses schneidet dann die Lemniskate in den Berührungspunkten (B' und B'') der gesuchten Tangenten.

ε) *Ein Lehrsatz über die Lemniskate.* Es läßt sich der Satz beweisen: Ein die Hauptachse einer gleichseitigen Hyperbel im Kurvenmittelpunkt berührender Kreis schneidet die Hyperbel in den Eckpunkten eines Trapezes, dessen nicht parallele Seiten und dessen Diagonalen den um den

Hyperbelmittelpunkt mit $\frac{a}{2}\sqrt{2}$

beschriebenen Kreis berühren (Abb. 66a). Die Diagonalen seien a und b, die beiden nicht-parallelen Trapezseiten c und d, der schneidende Kreis K und der berührende K_1. Bei der Inversion (Abb. 66b, die der Übersichtlichkeit wegen aus 66a herausgezogen worden ist) wird K zu einer Geraden K' parallel zur Hauptachse und K_1 zu einem konzentrischen Kreise K_1'. Die Geraden a, b, c, d werden in Kreise a', b', c', d' transformiert, die durch den Pol O gehen. Da K_1 die Geraden a, b, c, d berührt, muß K_1' die Kreise a', b', c', d' berühren, und es folgt der Satz:

Bewegt man eine Gerade parallel zur Hauptachse einer Lemniskate

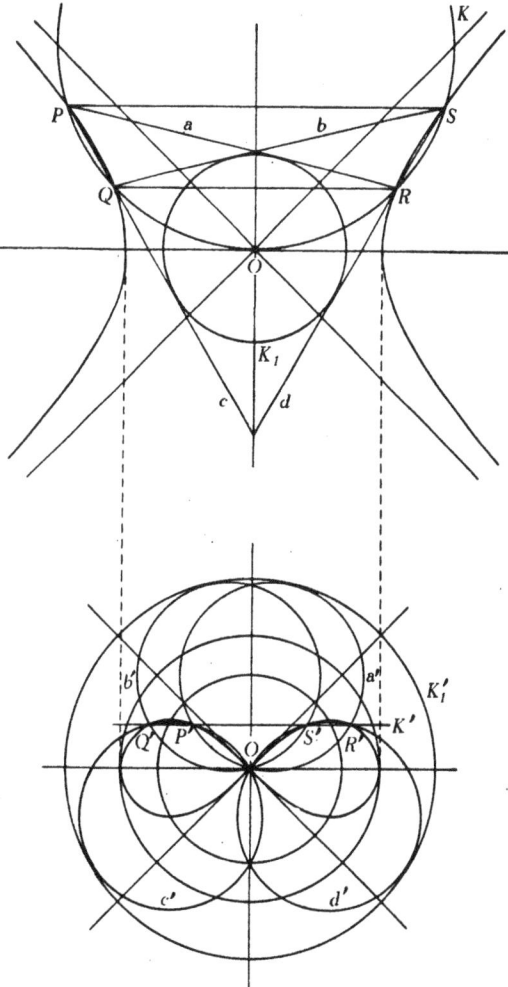

Abb. 66a (oben) Abb. 66b (unten)

und legt man durch je zwei in bezug auf die Nebenachse nicht symmetrische Schnittpunkte dieser Geraden mit der Kurve und den Kurvenmittelpunkt Kreise, so werden diese Kreise eingehüllt von einem festen Kreise um den Kurvenmittelpunkt. Die Zentren dieser Kreise liegen auch auf einem Kreise,

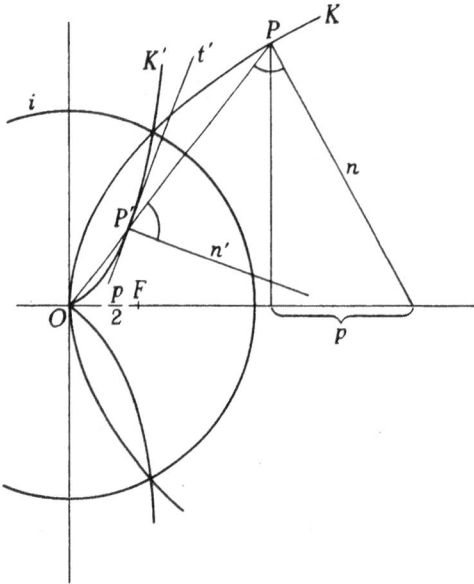

Abb. 67

der mit dem einhüllenden Kreis
konzentrisch ist und die Hälfte
seines Radius als Durchmesser hat.
c) Daß die Strophoide Inverse
zur gleichseitigen Hyperbel ist,
haben wir bereits erwähnt. In
Abb. 67 ist die *Zissoide K'* konstruiert als *Inverse zur Parabel K*
für eine Inversion von beliebiger
Potenz mit dem Parabelscheitel
als Pol. Im besonderen zeigt
auch die Abbildung, wie die
Zissoidennormale *n'* in *P'* (und
damit die Tangente *t'*) sich als Antiparallele zur Parabelnormalen
in *P* ohne weiteres einzeichnen
läßt. Es bleibe dem Leser überlassen, aus der für den Scheitel *O* als Koordinatenanfangspunkt gültigen Parabelgleichung

$$r = \frac{2\,p\,\operatorname{ctg}\varphi}{\sin\varphi} \quad \text{mittels der Inversion } r\,r' = K^2 \text{ die Zissoidengleichung}$$

$$r' = \frac{K^2}{2\,p}\,\operatorname{tg}\varphi\,\sin\,\varphi \text{ abzuleiten.}$$

d) *Die Pascalsche Schnecke als Inverse eines Kegelschnittes* bezüglich eines
Brennpunktes als Pol. Die Pascalsche Schnecke ist der Ort der Punkte auf
allen von einem bestimmten Umfangspunkt eines Kreises ausgehenden Sehnen,
die von dem zweiten Durchschnittspunkt der Sehnen gleich weit entfernt

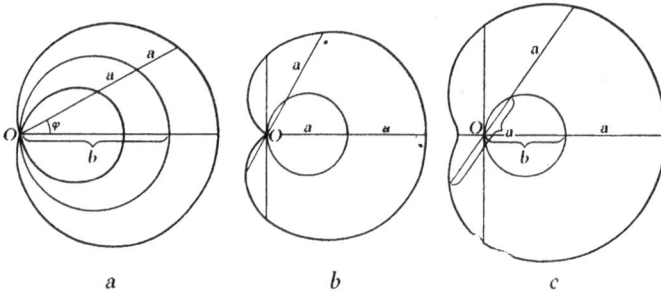

a   b   c

Abb. 68

sind. Ist der Durchmesser des festen Kreises *b* und der konstante Abstand *a*,
so lautet die Polargleichung der Kurve für den bestimmten Umfangspunkt *O*
als Pol: $r = a + b \cos \varphi$. Die Kurve kann in dreifacher Form auftreten:
Ist $b > a$, so hat die Kurve einen Doppelpunkt in *O* und besitzt einen äußeren
und inneren Bogen (Abb. 68a). Ist $b = a$, so haben wir den Sonderfall einer

Kurve mit Spitze: die Kardioide mit der Gleichung $r = a\,(1 + \cos\varphi)$; vgl. Abb. 68b. Ist $b < a$, so erhalten wir einen einfach geschlossenen Kurvenzug (Abb. 68c). Es liege anderseits ein Kegelschnitt vor, dessen auf einen Brennpunkt als Pol bezogene Polargleichung laute $r = \dfrac{p}{1 + \varepsilon\cos\varphi}$. Dabei ist p Konstante, der sogenannte Halbparameter. Für $\varepsilon < 1$ stellt die Gleichung eine Ellipse, für $\varepsilon = 1$ eine Parabel und für $\varepsilon > 1$ eine Hyperbel dar. Unterwerfen wir nun den Kegelschnitt einer Inversion um denselben Brennpunkt als Pol und setzen $r = \dfrac{K^2}{r'}$ in die Kegelschnittgleichung ein, so erhalten wir

$$\frac{K^2}{r'} = \frac{p}{1 + \varepsilon\cos\varphi}$$

$$r' = \frac{K^2}{p} + \frac{K^2}{p}\cdot\varepsilon\cos\varphi.$$

Diese Gleichung entspricht der Gleichung $r = a + b\cos\varphi$ der Pascalschen Schnecke, und wir stellen also fest: Ist $\dfrac{K^2\varepsilon}{p} > \dfrac{K^2}{p}$, d. h. ist $\varepsilon > 1$, so geht aus einer Hyperbel eine Schnecke mit Doppelpunkt hervor. $\varepsilon = 1$: aus einer Parabel wird eine Kardioide. $\varepsilon < 1$ ergibt eine Ellipse und als ihre Inverse eine Schnecke ohne Doppelpunkt. Aus den unendlich fernen Punkten der Hyperbel bzw. der Parabel wird der Doppelpunkt der Schnecke bzw. die Spitze der Kardioide.

Bei der Parabel gilt der Satz: Der einem Dreieck aus drei Parabeltangenten umbeschriebene Kreis geht durch den Brennpunkt der Parabel. Invertieren wir um den Brennpunkt als Pol, so wird die Parabel zur Kardioide, die Parabeltangenten werden zu Kreisen, die die Kardioide berühren und durch ihre Spitze gehen, und der umbeschriebene, durch den Brennpunkt gehende Kreis zu einer Geraden.

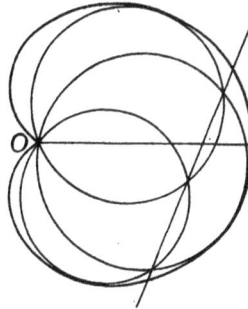

Abb. 69

Es ergibt sich sonach der Satz: *Wenn drei Kreise eine Kardioide berühren und durch deren Spitze gehen, so liegen die drei zweiten Durchschnittspunkte der Kreise auf einer Geraden* (Abb. 69).

B) *Anallagmatische Kurven.* Anallagmatische Kurven (vom griech. ἀλλάττειν, verwandeln, mit der Negationssilbe ἀν, also „sich nicht verwandelnde Kurven") sind Kurven, die durch Inversion in sich selber transformiert werden können. In diesem Sinne ist z. B. ein Kreis, der den Inversionskreis rechtwinklig schneidet, anallagmatisch.

Um an einzelnen Kurven zu zeigen, in welcher Weise sie anallagmatisch sind, bedarf es in den meisten Fällen eines tieferen Eindringens in die Theorie der betreffenden Kurve. Beschränken wir uns darum auf ein einzelnes einfaches Beispiel, die *Maclaurinsche Trisektrix*.

Die Trisektrix kann man sich folgendermaßen erzeugt denken. Um zwei

Punkte O und M (Abb. 70), die den Abstand $2a$ voneinander haben, drehen sich zwei Strahlen im selben Sinne, und zwar der Strahl M dreimal so schnell wie der Strahl O. Ihr Schnittpunkt P beschreibt dann die Trisektrix. Mache ich OM zur x-Achse und O zum Anfangspunkt, so liest man aus der Abbildung (ΔOMP!) ab:

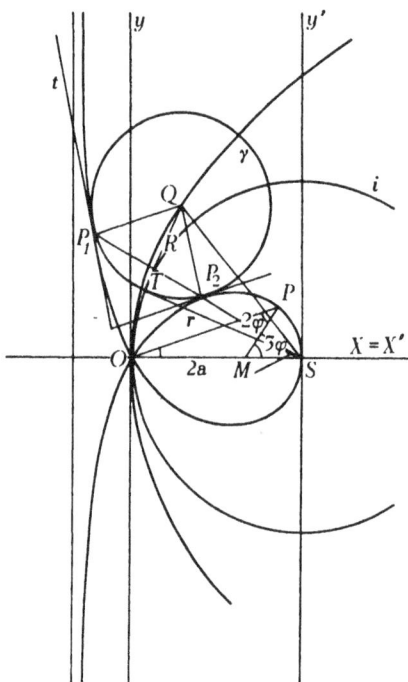

$$\frac{r}{2a} = \frac{\sin(2R - 3\varphi)}{\sin 2\varphi}$$

$$r = \frac{2a \sin 3\varphi}{\sin 2\varphi} = \frac{2a(3\sin\varphi - 4\sin^3\varphi)}{2\sin\varphi\cos\varphi}$$

$$r = \frac{a(3 - 4\sin^2\varphi)}{\cos\varphi} = \frac{a(4\cos^2\varphi - 1)}{\cos\varphi}.$$

Führt man in diese Polargleichung kartesische Koordinaten ein, so folgt nach einigen Umformungen

$$y = x\sqrt{\frac{3a - x}{a + x}}.$$

Bezeichne ich den Kurvenscheitel mit S und verschiebe in ihn das Koordinatensystem, indem ich setze $x = x' + 3a$; $y = y'$, so ergibt sich als neue Kurvengleichung

$$y' = (x' + 3a)\sqrt{\frac{-x'}{4a + x'}}.$$

Abb. 70

Wir bringen die Kurve mit einer durch S gehenden Geraden $y' = m x'$ in P_1 und P_2 zum Schnitt und erhalten $m x' = (x' + 3a)\sqrt{\dfrac{-x'}{4a + x'}}$, woraus sich ergibt:

$$x_1' = \frac{-(2am^2 + 3a) + am\sqrt{4m^2 + 3}}{m^2 + 1} = \frac{A + B}{m^2 + 1} \quad \text{(Punkt } P_1)$$

$$x_2' = \frac{A - B}{m^2 + 1} \quad \text{(Punkt } P_2).$$

Dazu gehören die Ordinaten $y_1' = m x_1'$ und $y_2' = m x_2'$. Dann ist

$$SP_1 = \sqrt{x_1'^2 + m^2 x_1'^2} = x_1'\sqrt{m^2 + 1}$$

$$SP_2 = \sqrt{x_2'^2 + m^2 x_2'^2} = x_2'\sqrt{m^2 + 1}$$

$$SP_1 \cdot SP_2 = \frac{(A + B)(A - B)(m^2 + 1)}{(m^2 + 1)^2} = \frac{A^2 - B^2}{m^2 + 1}$$

$$= \frac{a^2(4m^4 + 9 + 12m^2) - a^2 m^2(4m^2 + 3)}{m^2 + 1} = 9a^2.$$

Damit ist bewiesen, daß die Trisektrix eine anallagmatische Kurve ist; die Punkte der Schleife sind zu denen des sich ins Unendliche erstreckenden äußeren Kurvenzweiges invers. Der Inversionskreis i hat den Scheitel S zum Mittelpunkt und $3a$ als Radius, geht also durch O.

Bevor wir in unserem Beispiel fortschreiten, nehmen wir von einem allgemein gültigen Satz Kenntnis: *Jede anallagmatische Kurve ist Hüllkurve eines veränderlichen Kreises, der einen festen Kreis rechtwinklig schneidet und dessen Mittelpunkt eine gegebene Kurve durchläuft.*

Beweis: Ist Γ eine reelle Kurve, die bezüglich einer Inversion i anallagmatisch ist, P_1 einer ihrer Punkte und t die zugehörige Tangente, so gibt es einen Kreis γ, der Kreis i senkrecht durchsetzt und t in P_1 berührt. Da nun sowohl Γ als auch γ anallagmatisch sind, so entspricht P_1 ein anderer Punkt P_2, in dem γ und Γ sich ebenfalls berühren. γ ist demnach ein Kreis, der Γ zweifach (in P_1 und P_2) berührt. Lassen wir P_1 auf der Kurve Γ laufen, so bewegt sich auch P_2 auf der Kurve und mit beiden der veränderliche Kreis γ, der Γ in P_1 und P_2 berührt und i senkrecht durchsetzt. Sein Mittelpunkt beschreibt dabei eine gewisse Kurve. — Daß ein solcher, die Kurve doppelt berührender Kreis durch je zwei inverse Punkte gezeichnet werden kann, folgt übrigens ohne weiteres aus der Tatsache, daß die Normalen in den beiden inversen Punkten ein gleichschenkliges Dreieck mit dem Fahrstrahl bilden.

Kehren wir jetzt wieder zur Trisektrix zurück! Die Betrachtung zeigt zunächst, daß Kreis γ, wenn P_1 und P_2 in O zusammenfallen, den Radius 0 hat und von da ab, je weiter P_1 und P_2 nach außen streben, in seiner Größe ständig wächst — unbegrenzt, da die Trisektrix in die Unendlichkeit geht. Da aber die Trisektrix nur *einen* unendlich fernen Punkt hat, liegt die Vermutung nahe, daß der Mittelpunkt dieses Kreises γ sich auf einem Kegelschnitt mit *einem* unendlich fernen Punkt, d. h. einer Parabel, bewegt, deren Scheitel mit O und deren Achse mit der Trisektrixachse OS zusammenfällt. Sei Q der Mittelpunkt von γ, Γ sein Schnitt mit i und R sein Radius. Wir setzen unserer Vermutung gemäß — indem wir wieder das ursprüngliche Koordinatensystem mit dem Anfangspunkt O verwenden — die Koordinaten von Q als einem Parabelpunkt mit $\mathfrak{x}$ und $\mathfrak{y} = \sqrt{2p\mathfrak{x}}$ an, wobei wir uns vorbehalten, den Halbparameter p zum Schluß derart zu bestimmen, daß sich, wenn möglich, als Hüllkurve dieses variabelen Kreises γ unsere Trisektrix ergäbe. Es ist:

$$h^2 = QS^2 - TS^2 = [\mathfrak{y}^2 + (3a - \mathfrak{x})^2] - (3a)^2 = 2p\mathfrak{x} + \mathfrak{x}^2 - 6a\mathfrak{x}.$$

Demnach lautet die Gleichung des Kreises γ:

$$F(x, y, \mathfrak{x}) \equiv (x - \mathfrak{x})^2 + (y - \sqrt{2p\mathfrak{x}})^2 = 2p\mathfrak{x} + \mathfrak{x}^2 - 6a\mathfrak{x}.$$

Hier ist $\mathfrak{x}$ als veränderlich zur Erzeugung der Kreisschar zu denken. Nach dem Verfahren zur Ableitung der Gleichung einer Hüllkurve differenzieren wir partiell

$$\frac{\partial F}{\partial \mathfrak{x}} \equiv -2(x - \mathfrak{x}) - 2(y - \sqrt{2p\mathfrak{x}})\frac{\sqrt{2p}}{2\sqrt{\mathfrak{x}}} = 2p + 2\mathfrak{x} - 6a.$$

Hieraus ergibt sich

$$\mathfrak{x} = \frac{2py^2}{(6a - 2x)^2} = \frac{2py^2}{b^2} \quad (\text{gesetzt: } 6a - 2x = b)$$

Einsetzen dieses Wertes in die F-Gleichung liefert

$$\left(x - \frac{2\,p\,y^2}{b^2}\right)^2 + \left(y - \frac{2\,p\,y^2}{b}\right)^2 = \frac{4\,p^2\,y^2}{b^2} + \frac{4\,p^2\,y^4}{b^4} - \frac{12\,a\,p\,y^2}{b^2}$$

$$x^2\,b^2 - 4\,x\,p\,y^2 + y^2\,b^2 - 4\,p\,y^2\,b + 12\mathrm{a}\,p\,y^2 = 0.$$

Wiedereinsetzen von $b = 6\,a - 2\,x = 2\,(3\,a - x)$ und Division mit $(3\,a - x)$ führt auf

$$3\,a\,x^2 - x^3 + 3\,a\,y^2 - x\,y^2 - p\,y^2 = 0.$$

Das wäre also die Gleichung der Hüllkurve. Sie kann mit der Gleichung der Trisektrix

$$x^3 + x\,y^2 - 3\,a\,x^2 + a\,y^2 = 0$$

sofort in Übereinstimmung gebracht werden, wenn man setzt

$$p\,y^2 - 3\,a\,y^2 = a\,y^2$$
$$p\,y^2 = 4\,a\,y^2$$
$$p = 4\,a.$$

Also: wir erreichen die Bestätigung unserer Vermutung, wenn wir der angenommenen Parabel den Halbparameter $p = 4\,a$ zuordnen. Die Mittelpunkte unserer Kreisschar liegen demnach auf einer Parabel mit dem Scheitel O und dem Brennpunkt M. Wir haben also, zusammenfassend, bewiesen: *Die Trisektrix ist Hüllkurve aller Kreise, die einen gegebenen Kreis (i mit dem Mittelpunkt S und dem Radius 3 a) rechtwinklig schneiden und deren Mittelpunkte auf einer Parabel liegen, deren Scheitel (O) ein Punkt des Kreises ist, deren Achse durch den Kreismittelpunkt geht und deren Halbparameter $\frac{2}{3}$ des Kreisdurchmessers ist.*

Eine anallagmatische Kurve ist z. B. auch die *Pascalsche Schnecke*, aber nur in ihrer Form mit Doppelpunkt (Abb. 68a). Die innere und äußere Schleife gehen ineinander über bezüglich eines Inversionskreises, dessen Mittelpunkt auf der Achse, um $\frac{b^2 - a^2}{2\,b}$ vom Doppelpunkt entfernt liegt. Dieser Inversionskreis wird senkrecht geschnitten von einer Schar von Kreisen, die sich zwischen die beiden Schleifen der Kurve einzeichnen lassen. Die Mittelpunkte dieser Hüllkreise liegen wieder auf einem Kreis, dessen Zentrum um b vom Doppelpunkt entfernt auf der Achse liegt.

Die *Strophoide* ist anallagmatisch bezüglich eines Inversionskreises, dessen Mittelpunkt im Scheitel S liegt und den Radius $O\,S$ hat (Abb. 57). Die Hüllkreise liegen wie bei der Trisektrix mit ihren Mittelpunkten auf einer Parabel, die den Doppelpunkt O zum Scheitel und den Kurvenscheitel S zum Brennpunkt hat.

IX. ABBILDUNGEN DURCH FUNKTIONEN EINER KOMPLEXEN VERÄNDERLICHEN

Die moderne Mathematik hat als Ordnungsprinzip in ihre Arbeitsmethoden den allgemeinen Begriff der Transformation eingeführt. Unter einer Transformation — man denke an die Inversion — versteht man eine Abbildungsvorschrift, nach der in gesetzmäßiger Weise Gebilde einer Art in solche derselben oder einer anderen Art übergeführt werden. Bei den Transformationen, mit denen wir es hier zu tun haben und zu denen als Sonderfall auch die Inversion gehört, bedient man sich mit Vorteil der Darstellung komplexer Zahlen in der Gaußschen Zahlenebene und spricht demnach von Abbildungen durch Funktionen einer komplexen Veränderlichen.

Es seien $z = x + iy$ und $z' = x' + iy'$ zwei komplexe Zahlen, die durch die Gleichung $z' = f(z)$ miteinander verbunden sind. Werden dann z und z' in zwei *verschiedenen* Gaußschen Zahlenebenen durch Punkte dargestellt, so versinnbildlicht unsere Gleichung eine *Abbildung* der z- auf die z'-Ebene, bei der jedem Punkt z der einen ein Punkt z' der anderen Ebene entspricht. Deuten wir aber z und z' in derselben Ebene und unter Zugrundelegung des-

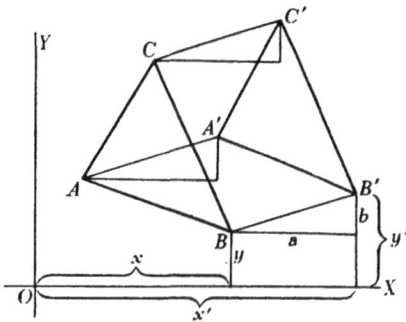

Abb. 71

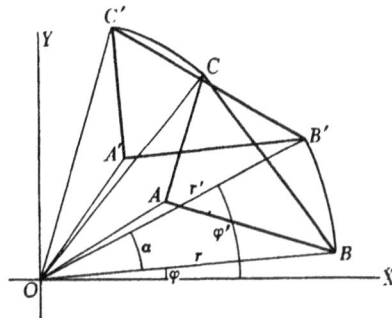

Abb. 72

selben Achsenkreuzes, so wird durch eine solche Gleichung jedem Punkte z der Ebene ein bestimmter anderer z' derselben Ebene zugeordnet; sie stellt dann, wie man sich ausdrückt, eine *Transformation* der Ebene in sich dar. Wir betrachten kurz einige Beispiele dieser Art.

1. Liegt die Funktion $z' = z + c$ vor, worin $c = a + bi$ eine komplexe Konstante ist, so stellt die neue Veränderliche $z' = x + iy + a + bi = (x + a) + i(b + y)$ eine Transformation dar, bei der nur eine *Verschiebung* um a in der Richtung der reellen und um b in der Richtung der imaginären Achse stattfindet (Abb. 71). Strecken werden dadurch in gleichlange Strecken und Winkel in gleichgroße Winkel überführt. Die neue Figur ist der alten kongruent.

2. In der Funktion $z' = e_1 z$ sei $e_1 = \cos \alpha + i \sin \alpha$, d. h. eine komplexe Zahl mit dem absoluten Wert 1. Wir stellen z' sowohl wie z in trigonometrischer Form dar:
$$z' = r'(\cos \varphi' + i \sin \varphi'); \quad z = r(\cos \varphi + i \sin \varphi).$$
Dann ist
$$r'(\cos \varphi' + i \sin \varphi') = (\cos \alpha + i \sin \alpha) \cdot r(\cos \varphi + i \sin \varphi)$$
oder nach dem Moivreschen Satze:
$$r'(\cos \varphi' + i \sin \varphi') = r[\cos(\varphi + \alpha) + i \sin(\varphi + \alpha)],$$
d. h. es ist $r' = r$ und $\varphi' = \varphi + \alpha$. Diese Abbildung (Abb. 72) ist eine *Dre-*

hung um den 0-Punkt um den Winkel α. Die Kongruenz ist wieder erhalten geblieben.

3. Ist a in der Funktion $z' = az$ eine beliebige reelle Zahl, so folgt

$$z' = x' + iy' = a(x + iy) = ax + i \cdot ay.$$

Es ist demnach $x' = ax$; $y' = ay$. Die Funktion stellt mir also — wenn a eine positive Zahl ist — eine *Streckung* vom 0-Punkt im Verhältnis $1:a$ dar (Abb. 73). Ist a negativ, so kommt zur einfachen Streckung noch eine Spiegelung am Nullpunkt dazu: $x' = -(ax)$, $y' = -(ay)$. Bei dieser Transformation werden Strecken im Verhältnis $1:|a|$ vergrößert bzw. verkleinert, während die Winkel erhalten bleiben und Dreiecke in ähnliche Dreiecke übergehen. Es handelt sich also um eine sogenannte *Ähnlichkeitstransformation.*

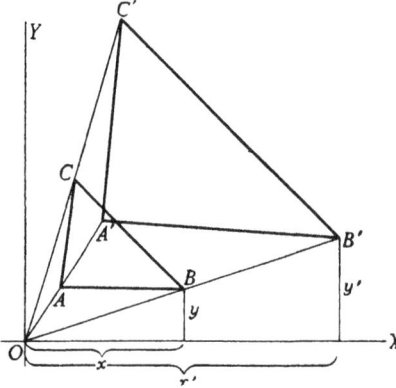

Abb. 73

4. Es liege die allgemeine lineare Funktion $z' = e_1 z + e_2$ vor, worin die Konstante $e_1 = r_1(\cos \varphi_1 + i \sin \varphi_1)$ und $e_2 = r_1(\cos \varphi_2 + i \sin \varphi_2) = a_2 + b_2 i$ ist. Ich kann schrittweise vorgehen, indem ich die gegebene Funktion in folgenden Formen schreibe:

$$\begin{aligned}
z' = e_1 z + e_2 &= r_1(\cos \varphi_1 + i \sin \varphi_1) z + (a_2 + b_2 i) \\
&= r_1 z \cdot (\cos \varphi_1 + i \sin \varphi_1) + (a_2 + b_2 i) \\
&= z''(\cos \varphi_1 + i \sin \varphi_1) + (a_2 + b_2 i) \\
&= z''' + (a_2 + b_2 i) \\
&= z'.
\end{aligned}$$

$z'' = r_1 z$ liefert nach Nr. 3 eine Streckung (Abb. 74), $z''' = (\cos \varphi_1 + i \sin \varphi_1) z''$ nach Nr. 2 eine Drehung, und $z' = z''' + (a_2 + b_2 i)$ nach Nr. 1 eine Verschiebung. Die durch die lineare ganze Funktion bewirkte Abbildung ist demnach wieder eine Ähnlichkeitstransformation.

5. Nun kommen wir zum Kernpunkt unseres Abschnittes. Es liege die Funktion $z' = \dfrac{1}{z}$ vor. In trigonometrischer Form können wir schreiben:

$$r'(\cos \varphi' + i \sin \varphi') = $$
$$= \frac{1}{r(\cos \varphi + i \sin \varphi)}$$

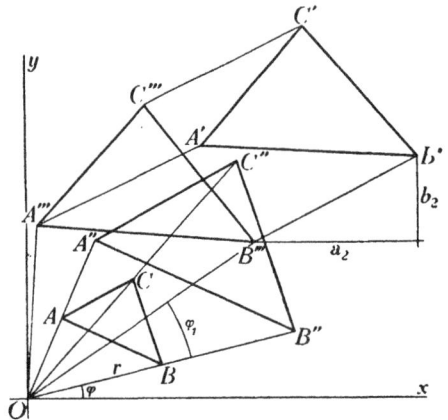

Abb. 74

Nun kann man für die Konstante · 1 setzen $1 = 1\,(\cos 0 + i \sin 0)$, so daß ich erhalte

$$r'\,(\cos \varphi' + i \sin \varphi') = \frac{1\,(\cos 0 + i \sin 0)}{r\,(\cos \varphi + i \sin \varphi)}.$$

Der Moivresche Satz ergibt

$$r'\,(\cos \varphi' + i \sin \varphi') = \frac{1}{r}\,[\cos (-\varphi) + i \sin (-\varphi)];$$

also: $r' = \dfrac{1}{r}$ und $\varphi' = -\varphi$. Es ist aber $r' = \dfrac{1}{r}$ oder $rr' = 1$ eine Inversion oder Spiegelung am Einheitskreis, $\varphi = -\varphi'$ eine Spiegelung an der reellen Achse (Abb. 75). Unsere Abbildung $z' = \dfrac{1}{z}$ stellt also keine reine Inversion dar, sondern diese ist verbunden mit einer Spiegelung an der reellen Achse. Nun wissen wir, daß die eigentliche Inversion wohl gleiche Winkel, aber mit Umkehrung des Drehungssinnes, liefert. Tritt hierzu nun noch die Spiegelung an der reellen Achse, so kehrt sich hierbei der Drehungssinn der Winkel nochmals um, so daß also der ursprüngliche Drehungssinn wiederhergestellt wird. Im Gegensatz zum Satz S. 16 können wir sagen: *Die Transformation* $z' = \dfrac{1}{z}$ *ist eine konforme Abbildung*

ohne Umlegung der Winkel.

Diese Transformation ist involutorisch, d. h· je zwei Punkte z und z' entsprechen einander — eine Tatsache, die uns zwar von der geometrischen Begründung der Inversion her noch geläufig ist, die sich aber durch eine kleine Rechnung noch besonders bestätigen läßt. Wir führen den Nachweis in der Art, daß wir r mit r' und φ mit φ' vertauschen und zeigen, daß wir wieder auf dieselbe Gleichung kommen:

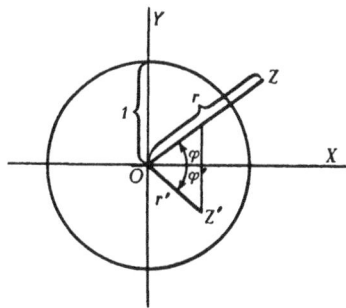

Abb. 75

$$r\,(\cos \varphi + i \sin \varphi) = \frac{1}{r'}\,[\cos (-\varphi') + i \sin (-\varphi')] = \frac{1}{r'}\,(\cos \varphi' - i \sin \varphi')$$

oder $\quad \dfrac{r'}{\cos \varphi' - i \sin \varphi'} = \dfrac{1}{r\,(\cos \varphi + i \sin \varphi)}.$

Ich erweitere die linke Seite mit $\cos \varphi' + i \sin \varphi'$ und die rechte mit $\cos \varphi - i \sin \varphi$:

$$\frac{r'\,(\cos \varphi' + i \sin \varphi')}{\underbrace{\cos^2 \varphi' + \sin^2 \varphi'}_{=1}} = \frac{1}{r}\,\frac{\cos \varphi - i \sin \varphi}{\underbrace{\cos^2 \varphi + \sin^2 \varphi}_{=1}} = \frac{1}{r}\,[\cos (-\varphi) + i \sin (-\varphi)].$$

Wir haben also die Urgleichung wieder erhalten.

Daß unsere Transformation wie die eigentliche Inversion kreistreu ist, daß also Kreise wieder in Kreise übergehen, läßt sich analytisch· noch folgendermaßen nachwiesen:

Eine Funktion $a\,(x^2 + y^2) + b\,x + c\,y + d = 0$ stellt im Falle $a = 0$ eine

Gerade, für $a \neq 0$ einen Kreis in der z-Ebene dar. Aus $x' + i y' = \dfrac{1}{x + i y}$ folgt $x x' + i\, x y' + i\, x' y - y y' = 1$. Der imaginäre Teil muß mithin 0 sein:

$$x y' + x' y = 0 \quad \text{und}$$
$$x x' - y y' = 1$$

Daraus: $x = \dfrac{x'}{x'^2 + y'^2}$ und $y = \dfrac{-y'}{x'^2 + y'^2}$.

Setzt man diese Werte in die Ausgangsgleichung ein, so folgt

$$a + b\, x' - c\, y' + d\, (x'^2 + y'^2) = 0.$$

Das ist aber, falls $d \neq 0$, wieder ein Kreis; $d = 0$ ergibt eine Gerade $a + b x' - c y' = 0$. Ist aber $d = 0$ in der Ausgangsgleichung, so haben wir es dort mit einem durch den 0-Punkt gehenden Kreis

$$a\, (x^2 + y^2) + b\, x + c\, y = 0$$

zu tun. Also: Ein durch das Inversionszentrum gehender Kreis wird zu einer Geraden. Umgekehrt: Eine Gerade ($a = 0$), die nicht durch den Nullpunkt geht ($d \neq 0$), wird in der z'-Ebene zu einem durch den Nullpunkt gehenden Kreis $b x' - c y' + d\, (x'^2 + y'^2) = 0$. Eine durch den Nullpunkt gehende Gerade $b x + c y = 0$ (entsprechend $a = 0$, $d = 0$) wird zu einer wieder durch den Nulldunkt gehenden, aber spiegelbildlich gedrehten Geraden $b\, x' - c\, y' = 0$. Im allgemeinsten Fall ($a \neq 0$, $d \neq 0$) wird aus einem nicht durch den Nullpunkt gehenden Kreis wieder ein nicht durch das Zentrum laufender Kreis.

6. Wir beschließen diesen Abschnitt, indem wir kurz die lineare gebrochene Funktion $z' = \dfrac{c_1 z + c_2}{c_3 z + c_4}$ betrachten. Wir scheiden zunächst $c_3 = 0$ aus, da es sich sonst einfach um eine lineare ganze Funktion handelte, und bringen durch Kürzung mit c_3 unsere Funktion auf die Form $z' = \dfrac{d_1 z + d_2}{z + d_3}$. Hier scheiden wir $d_2 = d_1 d_3$ aus, da wir in diesem Falle lediglich die Funktion $z' = d_1$ vor uns hätten. Eine neue Konstante e_1 werde so eingeführt, daß $d_2 = e_1 + d_1 d_3$ wird; es folgt dann

$$z' = \frac{d_1 z + e_1 + d_1 d_3}{z + d_3} = \frac{d_1 (z + d_3) + e_1}{z + d_3}$$

$$= \frac{e_1}{z + d_3} + d_1 = z'' + d_1.$$

Nun läßt sich die Funktion $z''' = \dfrac{1}{z + d_3}$ oder $z = \dfrac{1}{z'''} - d_3$ als eine Überlagerung einer Transformation durch reziproke Radien $\left(\dfrac{1}{z'''}\right)$ und einer Verschiebung $(-d_3)$ auffassen; $z'' = \dfrac{e_1}{z + d_3}$ fügt dazu eine Streckung (e_1), und z' ergibt endlich durch eine weitere Verschiebung ($+ d_1$) den Endzustand. Wir können demnach die durch die Funktion

$$z' = \frac{e_1}{z + d_3} + d_1 = \frac{d_1 z + d_2}{z + d_3} = \frac{c_1 z + c_2}{c_3 z + c_4}$$

gegebene Abbildung als eine Überlagerung von Verschiebungen, Streckungen und Abbildung durch reziproke Radien auffassen. Da bei diesen drei Transformationen die Winkel erhalten bleiben und Kreise wieder in Kreise übergehen, können wir zusammenfassend sagen:

Die Funktion $z' = \dfrac{c_1 z + c_2}{c_3 z + c_4}$ *bewirkt eine konforme Abbildung; sie ist eine Kreisverwandtschaft.*

B· DIE INVERSION IM RAUM

I. ALLGEMEINE GESETZMÄSSIGKEITEN

1. Inversion der Kugel. Die Übertragung der Inversion von der Ebene auf den Raum liegt nahe. Man denke etwa Abb. 15, S. 16, um die Symmetrieachse sich drehend, um sofort die Richtigkeit der folgenden Sätze zu erkennen: Aus dem Inversionskreis wird eine Inversionskugel. *Durch Inversion an dieser Inversionskugel wird eine Kugel wieder in eine Kugel transformiert.* Bei hyperbolischer Inversion wird der Pol zum äußeren, bei elliptischer Inversion zum inneren Ähnlichkeitspunkt der beiden Kugeln.

Rotation von Abb. 13 zeigt im besonderen: *Eine Ebene geht durch Inversion in eine Kugel durch das Inversionszentrum über und umgekehrt.* Der durch das Inversionszentrum gehende Kugeldurchmesser steht auf der Ebene senkrecht.

Eine durch das Inversionszentrum gehende Ebene geht in sich selber über.

Jeder beliebige im Raum liegende Kreis kann als Schnitt zweier Kugeln angesehen werden. Da diese beiden Kugeln wieder zu Kugeln werden, deren Schnitt wieder ein Kreis ist, so folgt: *Beliebig im Raum liegende Kreislinien verwandeln sich durch Inversion wieder in Kreislinien.*

Zwei Kugeln mögen einander unter einem Winkel α schneiden. Legt man dann einen beliebigen ebenen Schnitt durch die beiden Mittelpunkte, so schneiden sich auch die entstehenden Schnittkreise unter dem Winkel α. Geht dieser Schnitt nun außer durch die Mittelpunkte der beiden Kugeln auch durch den Inversionspol, so werden die beiden Kugeln bei der Inversion verwandelt in zwei neue Kugeln, deren Mittelpunkte ebenfalls in der genannten Ebene liegen. Die Schnittkreise dieser neuen Kugeln mit der Ebene sind aber die Bilder der zuerst genannten Schnittkreise. Also schneiden sich auch die neuen Schnittkreise unter α, und da es größte Kreise sind (die Kugelmittelpunkte liegen ja in ihrer Ebene), so schneiden sich also auch die beiden Bildkugeln unter dem Winkel α. Da die Ebene nur ein Sonderfall der Kugel ist, kann ich mithin sagen: *Bei Schnitten von Ebenen mit Ebenen, Kugeln mit Kugeln und Kugeln mit Ebenen bleiben die Schnittwinkel erhalten.*

Da der Schnittwinkel zweier beliebig gestalteter Flächen in einem bestimmten Punkt gleich dem Schnittwinkel ihrer Tangentialebenen in diesem Punkte ist, gilt weiter: *Schneiden sich zwei beliebig gestaltete Flächen an einer bestimmten*

Stelle unter einem gewissen Winkel, so schneiden sich ihre inversen Bilder an der entsprechenden Stelle unter dem gleichen Winkel.

Für den folgenden Gedankengang stellen wir zunächst fest: Zwei Kreise auf einer Kugelfläche, die sich in zwei Punkten schneiden, haben in beiden Punkten den gleichen Schnittwinkel.

In Abb. 76 seien K und K' zwei Kugeln, die bezüglich O und der Kugel ι zueinander invers sind. Lege ich nun durch O ein Dreikant, so wird dieses jede der beiden Kugeln in zwei sphärischen Dreiecken schneiden, von denen bei Kugel K nur das eine mit den Seiten a, b, c und den Winkeln α, β, γ gezeichnet

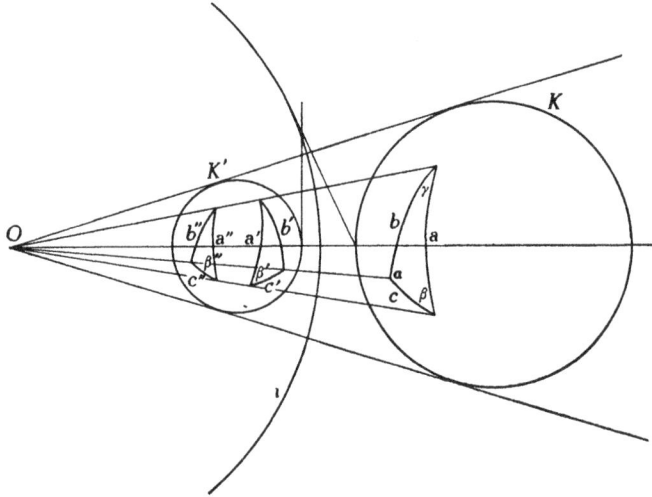

Abb. 76

ist. Da O Ähnlichkeitspunkt der beiden Kugeln ist, ist $\triangle\, a''b''c' \sim \triangle\, abc$ und $\alpha'' = \alpha$; $\beta'' = \beta$; $\gamma'' = \gamma$. Das zweite auf K' im Durchstoß sich bildende Dreieck $a'b'c'$ ist nun das zu abc inverse. Da a' und a'' auf derselben Ebene des Dreikants liegen, gehören sie zu einem vollständigen Kreise der Kugel K'. Dasselbe gilt für b' und b'' bzw. c' und c''. Nach dem vorhin festgestellten Satze ist folglich $\alpha' = \alpha''$, $\beta' = \beta''$ und $\gamma' = \gamma''$, mithin ist auch $\alpha' = \alpha$, $\beta' = \beta$, $\gamma' = \gamma$: *Schneiden sich zwei ebene oder sphärische Kurven an einer Stelle unter einem gewissen Winkel, so schneiden sich ihre inversen Bilder an der entsprechenden Stelle unter dem gleichen Winkel.* Wir verallgemeinern: *Wird eine beliebige Fläche invertiert, so findet zwischen Bild und Original Ähnlichkeit in den kleinsten Teilen statt. Die Abbildung ist konform.* Ein kleiner Würfel im Raum geht wieder in einen kleinen Würfel, ein kleiner Quader in einen ähnlichen über.

2. Kugelbüschel, Kugelbündel, Kugelgebüsch. Setzt man an Stelle der Kreise Kugeln, so wird aus dem Kreisbüschel ein Kugelbüschel und aus dem Kreisbündel das Kugelbündel (vgl. A I 13 und 14). Läßt man einen Kreisbüschel um die gemeinschaftliche Zentrale aller Kreise rotieren, so entsteht ein Kugelbüschel. Aus der Potenzlinie wird dabei eine Potenzebene: *Der Kugelbüschel ist die Gesamtheit aller Kugeln, die eine gemeinsame Potenzebene haben.* Treten bei einem Kreisbündel — der Gesamtheit aller Kreise, die einen gemeinsamen Potenzpunkt haben — an Stelle der Kreise Kugeln, deren Mittelpunkte alle in derselben Ebene liegen, so haben wir das Kugelbündel. Der Potenzpunkt erweitert sich zu einer Potenzachse, die auf der Ebene des erzeugenden Kreisbündels in dessen Potenzpunkt senkrecht steht. *Das Kugelbündel ist also die Gesamtheit aller Kugeln, die eine gemeinsame Potenzlinie haben.* Die Kugeln eines Kugelbüschels liegen mit ihren Mittelpunkten auf einer Geraden, diejenigen eines Kugelbündels auf einer Ebene.

Wie man von einem elliptischen, parabolischen und hyperbolischen Kreisbüschel spricht, unterscheidet man auch elliptische, parabolische und hyperbolische Kugelbüschel. Alle Kugeln eines elliptischen Kugelbüschels gehen durch einen gemeinsamen Schnittkreis, der in der Potenzebene liegt.

Auch beim Kugelbündel unterscheidet man eine elliptische, parabolische und hyperbolische Form. Beim elliptischen Bündel gehen alle Kugeln durch zwei Punkte, deren Verbindungslinie dann die Potenzachse ist. Die Kugeln des parabolischen Bündels berühren die Potenzachse in einem gemeinsamen Punkt, während diejenigen des hyperbolischen Kugelbündels keinen Punkt mit der Potenzachse gemein haben. Wie es beim elliptischen Kreisbündel einen Kreis gab, der von sämtlichen Kreisen des Bündels in zwei diametral gelegenen Punkten geschnitten wurde, besteht auch beim elliptischen Kugelbündel eine bestimmte Kugel, die von sämtlichen Kugeln des Bündels diametral geschnitten wird. Der Mittelpunkt dieser Kugel ist der Punkt S, in dem die Potenzachse die Zentralebene durchsetzt. Ebenso gibt es entsprechend dem hyperbolischen Kreisbündel beim hyperbolischen Kugelbündel eine Orthogonalkugel mit dem Mittelpunkt S, die alle Kugeln des Bündels senkrecht schneidet; der Radius dieser Kugel ist die Quadratwurzel aus der Potenz des Bündels in S. Zu jedem Kugelbündel gehört ein Kugelbüschel, der aus allen Kugeln besteht, die die Kugeln des Bündels rechtwinklig schneiden; die Mittelpunkte der Kugeln dieses Büschels liegen auf der Potenzachse des Bündels.

Wie es bei den entsprechenden Gebilden der Ebene war, wird durch Inversion aus einem Kugelbüschel wieder ein Kugelbüschel und aus einem Kugelbündel wieder ein Kugelbündel. Nehme ich z. B. einen elliptischen Kugelbüschel und lege durch dessen gemeinsamen Schnittkreis und das Inversionszentrum eine Kugel, so wird diese letztere bei der Inversion zu einer Ebene, der Schnittkreis wieder zu einem Kreis in dieser Ebene und sämtliche Kugeln des Büschels zu neuen Kugeln, die alle den genannten Schnittkreis gemeinsam haben, also wieder einen Kugelbüschel bilden. Beim hyperbolischen Bündel wird die Orthogonalkugel wieder zu einer Kugel, die die Inversen der Kugeln des Bündels rechtwinklig schneidet; diese inversen Bilder gehören in ihrer Gesamtheit also wieder einem Kugelbündel an.

Zum Kugelbüschel und Kugelbündel gesellt sich im dreidimensionalen Raum nun noch das *Kugelgebüsch.* Während zum Kugelbüschel eine Potenzebene, zum Kugelbündel eine Potenzachse gehörte, *versteht man unter einem Kugel-*

gebüsch die Gesamtheit aller Kugeln, die in einem Punkt dieselbe Potenz haben. Wieder sprechen wir von einer hyperbolischen, parabolischen und elliptischen Form. Im ersten Falle liegt der Potenzpunkt außerhalb aller Kugeln: die Potenz ist positiv. Im zweiten Falle gehen alle Kugeln durch den Potenzpunkt: die gemeinsame Potenz ist Null. Im letzten Falle schließen alle Kugeln das Potenzzentrum ein: die Potenz ist negativ. Wie beim hyperbolischen Kugelbündel gibt es beim hyperbolischen Kugelgebüsch eine Orthogonalkugel um den Potenzpunkt als Mittelpunkt, beim parabolischen Gebüsch hat die Orthogonalkugel den Radius Null, und beim elliptischen Gebüsch gibt es eine kleinste Kugel, die von allen Kugeln des Gebüschs diametral geschnitten wird. Eine Gerade durch das Potenzzentrum trifft jede Kugel des Gebüschs, die sie durchsetzt, in zwei Punkten, die zu einander invers sind; beim hyperbolischen Gebüsch handelt es sich hierbei um eine hyperbolische, beim elliptischen Gebüsch um eine elliptische Inversion; beim parabolischen Gebüsch ist der Pol zu allen Punkten des Raumes invers; dem Gebüsch gehören alle durch den Pol gehenden Kugeln des Raumes an. Der Pol der Inversion ist hier also das Potenzzentrum, die Inversionspotenz gleich der Potenz des Gebüschs. Jede Kugel des Gebüschs ist bei dieser Inversion zu sich selbst invers.

Außer Kugeln gehören dem Gebüsch auch *Kreise* an. Wie die Inversion mit der Potenz des Gebüschs jede Kugel in sich selber überführt, so auch jeden Kreis. Die Ebene jedes Kreises des Gebüschs geht sonach durch das Potenzzentrum. Beim hyperbolischen Gebüsch liegt das Potenzzentrum außerhalb, beim elliptischen Gebüsch innerhalb und beim parabolischen Gebüsch auf jeder Kreislinie. Beim hyperbolischen Gebüsch brauchen zwei Kreise keinen Punkt gemeinsam zu haben; berühren sie sich, so muß der Berührungspunkt auf der Orthogonalkugel liegen, da er als Tangentenpunkt der Tangente durch das Zentrum zu sich selbst invers ist. Beim elliptischen Gebüsch müssen sich je zwei Kugeln schneiden, da das Potenzzentrum im Innern jeder Kugel liegt. Zwei Kreise eines hyperbolischen Gebüschs, die auf derselben Kugel liegen, brauchen keinen Punkt gemeinsam zu haben, wogegen zwei Kreise eines elliptischen Gebüschs, die auf derselben Kugel liegen, sich stets schneiden.

Durch Inversion an einem beliebigen Zentrum geht das Kugelgebüsch wieder in ein Gebüsch über.

3. Kreise auf der Kugel. Wir stellen zunächst fest: Parallele Schnitte durch einen Kegel ergeben ähnliche Figuren. Ist einer dieser Schnitte ein Kreis, so sind auch alle anderen Kreise.

Ist P ein Punkt des Raumes außerhalb einer Kugel und beschreibt man um P die Inversionskugel i, die die gegebene Kugel senkrecht schneidet, so geht durch die Inversion der außerhalb der Inversionskugel liegende Teil der Kugeloberfläche in den innerhalb liegenden über, und umgekehrt; die Kugel wird in sich selber transformiert. Ein Kreis K (Abb. 77) geht in einen Kreis K' über. Beide sind Schnitte eines schiefen Kreiskegels mit der Spitze P. Der schräge Kreiskegel hat mithin nicht nur Kreisschnitte, die parallel zur Grund-

fläche K laufen, sondern er enthält noch eine zweite Gruppe von Kreisschnitten, nämlich alle Schnitte parallel zu K'. Der schräge Kreiskegel hat
nun eine Symmetrieebene PCD, die K' in $C'D'$ schneiden möge. Da CC'
und DD' zwei Paar inverser Punkte sind, läßt sich (s. S. 10) durch $CC'D'D$
ein Kreis legen, und es ist $\not< C'D'P = \not< PCD$. Zwei Schnitte des Kegels,
die in solcher Beziehung zueinander stehen, nennt man Gegenschnitte. Also:
Beim schrägen Kreiskegel sind die Gegen-
schnitte zur Grundfläche ebenfalls Kreisschnitte.

Nehmen wir P innerhalb der Kugel an, so
können wir diese durch eine elliptische Inversion in sich selber transformieren. Wieder
geht ein Kreis K in einen Kreis K' über,
für die aber jetzt die Kegelspitze P immer
Ähnlichkeitspunkt ist. Wir können also zusammenfassend sagen: *Liegen zwei Kreise*
auf einer Kugel, so können sie auf zweifache
Weise als Schnitte eines Kreiskegels angesehen
werden. Und umgekehrt: *Liegen zwei Kreise*
auf einem Kegel, so liegen sie auch auf einer
Kugel.

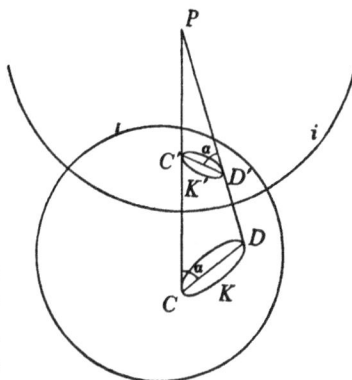

Abb. 77

Halte ich nun K als Grundkreis eines Kugelbüschels fest und denke mir durch
K beliebige Kugeln dieses Büschels gelegt, so wird jede von dem Kreiskegel
in einem Kreise geschnitten. Die Ebenen aller dieser Kreisschnitte sind als
Gegenschnitte zur Grundfläche zueinander parallel. Wir stellen also den Satz
auf: *Errichtet man über dem gemeinschaftlichen Kreise eines Kugelbüschels*
einen schrägen Kreiskegel, so werden alle Kugeln des Büschels in parallelen
Kreisen geschnitten.

4. Orthogonale Kreisscharen auf der Kugel. Wir beziehen uns auf Abb. 78.
Durch die zu S symmetrisch liegenden Punkte O und P seien Kreise gelegt,
deren Schnittpunkte mit Kreis K Parallele zu OP liefern. Wird diese Figur
nun an einem Inversionskreis
um O invertiert, so gehen die
Parallelen über in einen parabolischen Kreisbüschel, dessen Kreise die Gerade OP zur gemeinsamen Potenzlinie haben und sie
in O berühren. Kreis K wird
(Abb. 79) zu einem Kreis K' und
der Kreisbüschel OP zu einem
Strahlenbüschel, dessen Mittelpunkt P' die Inverse zu P ist.

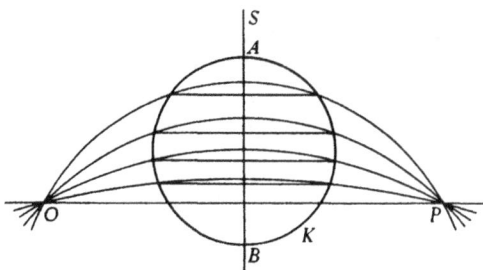

Abb. 78

Ich kann also den Satz prägen: *Wird ein parabolischer Kreisbüschel von*
einem ihm nicht angehörenden Kreis geschnitten, so liegen die Durchschnitts-
punkte der Büschelkreise mit dem anderen Kreis paarweise auf Strahlen

eines Strahlenbüschels, dessen Mittelpunkt auf der Potenzlinie des Kreisbüschels liegt.

Nach diesen vorbereitenden Betrachtungen gehen wir von der Ebene über zum Raum. Wir denken uns eine Kugeloberfläche überzogen von einer Schar von Meridianen, die durch 2 Gegenpunkte der Kugel laufen, und einer Schar von Parallelkreisen, die diese Meridiane senkrecht schneiden. Bilden wir diese Kugel durch eine Inversion in eine andere Kugel ab, so werden die Meridiane zu einem Büschel von Kreisen, die alle durch zwei Kugelpunkte laufen, die im allgemeinen aber nicht wieder Gegenpunkte sind. Die Kreise dieses Büschels liegen auf einem Ebenenbüschel, dessen Achse durch die genannten zwei Kugelpunkte geht. Die Ebenen der Parallelkreise werden zu Kugelflächen, die einander im Inversionszentrum berühren, d. h. zu einem parabolischen Kugelbüschel. Legen wir nun durch das Inversionszentrum und die Achse des Meridianbüschels eine Ebene, so ist diese für Original und Bild Symmetrieebene. Das Schnittbild entspricht der Abb. 78. Invertieren wir, so wird in der Symmetrieebene aus Abb. 78 Abb. 79. Die Bildkreise der Parallelschnitte liegen nun auf den Ebenen eines Ebenenbüschels, dessen Achse in P' auf der Symmetrieebene senkrecht steht. Weiter: Da die Symmetrieebene durch die Achse des Meridianbüschels geht ($A\,B$ in Abb. 78), so fallen die Grundpunkte des invertierten Kreisbüschels auf zwei Punkte A' und B' des Schnittkreises K' (Abb. 79) in der gleichen Ebene. Die Achse $A'\,B'$ dieses Büschels von Kreisen auf der Kugeloberfläche liegt also in der Symmetrieebene (Zeichenebene) und kreuzt die in P' auf der Zeichenebene senkrecht stehende Achse des Ebenenbüschels, auf dem die Bildkreise der Parallelkreise liegen, rechtwinklig. Nun schnitten die Meridiane und Parallelkreise einander rechtwinklig. Da die inverse Abbildung winkeltreu ist, gilt ein Gleiches von den beiden Kreisscharen, die durch Inversion entstanden sind. Wir können also zusammenfassend sagen: *Legt man durch zwei beliebige Punkte einer Kugelfläche einen Kreisbüschel, so ist dessen Orthogonalschar eine Kreisschar, deren Ebenen ebenfalls ein Büschel bilden. Die Achsen der beiden Ebenenbüschel kreuzen einander rechtwinklig.*

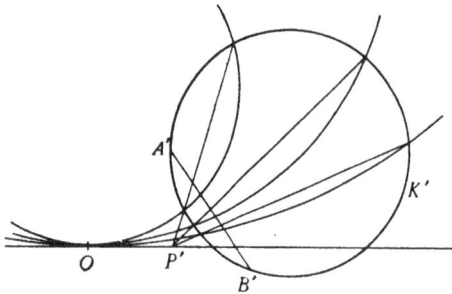

Abb. 79

Bei passender Anordnung bilden Meridiane und Parallelkreise miteinander ein Netz von kleinen Quadraten. Da bei inverser Abbildung kleine Quadrate wieder in Quadrate übergehen, können wir den letzten Lehrsatz in besonderer Weise präzisieren: *Durch einen Kreisbüschel mit beliebigen Büschelpunkten und die zugehörige orthogonale Kreisschar läßt sich die Kugelfläche in ein Netz kleiner Quadrate* (oder auch Rechtecke) *einteilen.* — Zwei Beispiele von quadratischer Einteilung der Kugelfläche wird der Abschnitt über die stereographische Projektion bringen.

II. DAS APOLLONISCHE BERÜHRUNGSPROBLEM
FÜR KREISE AUF DER KUGEL

Ist K_b (Abb. 80) der Kreis, der die drei Kugelkreise K_1, K_2, K_3 in den Punkten A, B, C berührt, so können wir ihn auffassen als Schnitt der Kugel mit einer Ebene, die die drei Kreise berührt. Nach dem Satz S. 65 können wir uns nun durch je zwei der Kreise K_1, K_2, K_3 einen Kegel gelegt denken. Die Ebene mit K_b ist dann auch Berührungsebene an die drei Kegel. Ein Kegel kann aber von einer Ebene nur längs einer Mantellinie berührt werden; mithin sind die Verbindungslinien $A B$, $A C$ und $B C$ Mantellinien der betreffenden Kegel und müssen durch die Kegelspitzen D_{12}, D_{13} und D_{23} gehen. Die Ebene des Dreiecks ABC, d. h. die Ebene mit K_b, geht also durch die drei Kegelspitzen. Denkt man sich weiter auf der Rückseite der Kugel den zweiten Berührungskreis an K_1, K_2, K_3 konstruiert, so gilt für ihn die gleiche Betrachtung. Seine Ebene geht also auch durch D_{12}, D_{13}, D_{23}, und da sich zwei Ebenen nur in einer Geraden schneiden können, so müssen die drei Kegelspitzen auf einer Geraden liegen. Die Lösung des Problems läuft sonach darauf hinaus, durch diese Gerade, die mit K_1, K_2, K_3 festlegt, die Ebene zu legen, die einen der drei Kreise berührt; sie schneidet dann die Kugel in dem Kreis K_b, der K_1, K_2 und K_3 berührt.

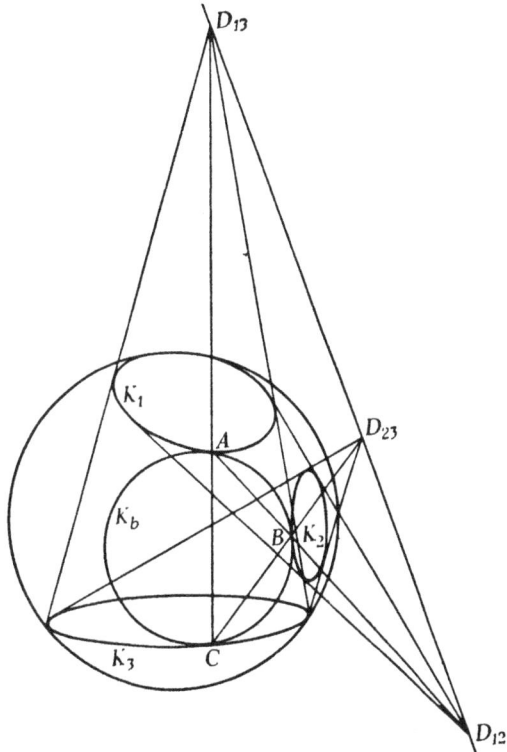

Abb. 80

Die eben skizzierte Lösung des Apollonischen Problems haben wir gebracht als Anwendung von Gedankengängen, die wir in einem der vorhergehenden Abschnitte angeschnitten hatten. Viel näher als diese liegt eine andere Lösung des Problems, die dem Leser gewiß schon längst vorgeschwebt hat: die Lösung mit direkter Anwendung der Inversion. Wir legen ein Inversionszentrum auf die Oberfläche der gegebenen Kugel, transformieren die Kugel mit ihren drei Kreisen in eine Ebene mit den inversen Kreisen K_1', K_2', K_3', konstruieren an diese den Berührungskreis und verwandeln diesen rückwärts wieder in einen Kreis auf der Kugel, der dann der gesuchte ist.

III. DIE STEREOGRAPHISCHE PROJEKTION DER KUGEL

Sie stammt in ihren Grundgedanken von Hipparch, einem Astronomen des griechischen Altertums, von dem man weiß, daß er in der Zeit von 160 bis 125 v. Chr. Himmelsbeobachtungen anstellte. Nach ihm hat Ptolemäus (125 bis 151 n. Chr.) in seiner Geographie das Verfahren des Hipparch zur Abbildung der Erdkugel verwandt. Der Name „stereographische Projektion" rührt von Aiguillon (1613) her.

Projiziert man eine Kugelfläche von einem ihrer Punkte P aus (Abb. 81) auf die im Gegenpunkt A berührende Tangentialebene, so daß ein Punkt Q in Q' sich abbildet, so ist nach dem Satz des Euklid $PQ \cdot PQ' = PA^2$. Diese Zentralprojektion bewirkt also das Gleiche wie eine Inversion der Kugelfläche an einer Inversionskugel mit dem Mittelpunkt P und dem Radius PA. Daraus folgt, daß bei der stereographischen Projektion Kreise der Kugelfläche übergehen in Kreise der Bildebene, daß die Winkel erhalten bleiben, und daß Original und Bild in den kleinsten Teilen ähnlich, konform sind. Quadratische Teilungen auf der Kugelfläche gehen in ebensolche der Ebene über.

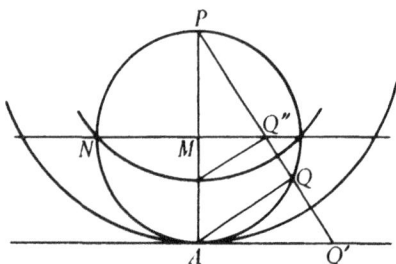

Abb. 81

Die stereographische Projektion wird seit dem Altertum zur Zeichnung von Himmelskarten verwandt. Dabei wird der Nadir der Himmelskugel als Projektionszentrum und die im Zenit der Himmelskugel an diese gelegte Tangentialebene als Projektionsebene gewählt. In den Atlanten begegnet man der stereographischen Projektion weiter bei Karten, die ganze Halbkugeln der Erdoberfläche in sogenannten Planigloben darstellen. Man projiziert vielfach nicht auf eine Tangentialebene, sondern auf eine zu dieser parallel durch das Kugelzentrum (M in Abb. 81) gehende Zeichenebene. Q'' wäre hier das Bild von Q. Aus der Ähnlichkeit der Dreiecke PMQ'' und PQA folgt $PQ \cdot PQ'' = PM \cdot PA = PN^2$; es handelt sich dann also um eine Inversion mit dem Radius PN.

Proj. Ebene

Wie nach diesem Verfahren eine *Polarkarte* der Erde zu entwerfen wäre, geht ohne weiteres aus Abb. 82 hervor. Die Meridiane werden zu einem Strahlenbüschel um N' und die Breitenkreise zu einer Schar konzentrischer Kreise um N', die das Strahlenbüschel senkrecht durchsetzen.

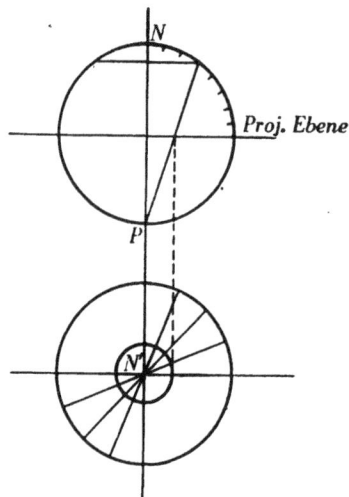

Abb. 82

Legen wir das Projektionszentrum P in einen Punkt des Äquators, so ergibt sich Abb. 83. Die durch die Pole Q und R gehenden Meridiane werden zu einem elliptischen Kreisbüschel mit Q und R als Grundpunkten. Um einen dieser Kreise zu zeichnen, tragen wir in der Seitenrißfigur (rechts oben) die Gradeinteilung des Äquators ein und projizieren sie auf die Bildebene (Beisp.: F').

Diese Punkte werden dann auf das Bild des Äquators $S\,T$ übertragen, womit drei Punkte des Büschelkreises (Q, F'', R) festliegen. Das Bild eines Breitenkreises erhalte ich, indem ich (s. Abb.) die Bilder zweier Gegenpunkte A und B bestimme. Während die Bilder der Meridiane ein elliptisches Kreisbüschel bilden, gehören die Bilder der Breitenkreise dem konjugierten hyperbolischen Büschel an, das das elliptische senkrecht durchsetzt.

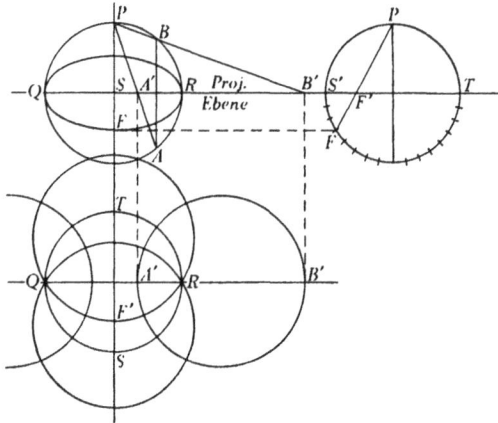

Abb. 83

Stereographisch ließe sich in dieser Weise die gesamte Erdoberfläche auf eine Bildebene projizieren; das Bild würde sich allerdings in die Unendlichkeit erstrecken. Dazu kommt, daß Bild und Original zwar in den kleinsten Teilen ähnlich sind, trotzdem aber mit unserer Projektionsart eine Verzerrung der Größenverhältnisse verbunden ist, die um so größer ist, je mehr man sich vom Bildmittelpunkt entfernt. Deshalb geht man über die Projektion einer Halbugelk nicht hinaus.

Über die Änderung des Maßstabes auf der Polarkarte gibt folgende kurze Betrachtung Aufschluß. AB (Abb. 84) sei ein sehr kleines Bogenelement s des Erdumfangs. Dessen Bild

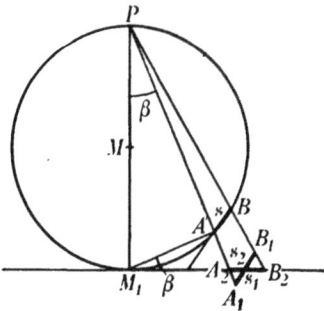

Abb. 84

sei $A_2 B_2 = s_2$. Ziehe ich $A_1 B_1 = s_1$ parallel zu AB, so ist, da PA_1 in beliebiger Annäherung gleich PA_2 und $s_1 = s_2$ gesetzt werden kann:

$$s : s_1 = s : s_2 = PA : PA_1$$
$$= PM_1 \cos\beta : \frac{PM_1}{\cos\beta}$$
$$s : s_2 = 1 : \frac{1}{\cos^2\beta}.$$

Für die Nachbarschaft von M_1 ($\beta = 0$) ist hiernach $s = s_2$, für die Punkte des Äquators $(\beta = 45^0)$ $s : s_2 = 1 : \dfrac{1}{\cos^2 45^0} = 1 : 2$. Am Rande der Halb-kugelkarte ist also der Maßstab bereits doppelt so groß wie in der Karten-mitte.

Die Polarkarten mit ihrer Teilung durch Meridiane und Breitenkreise geben keine *Quadrateinteilung*. Will ich eine solche erhalten, so verfahre ich — wie nur kurz behandelt werden soll — folgendermaßen: Man zeichne einen

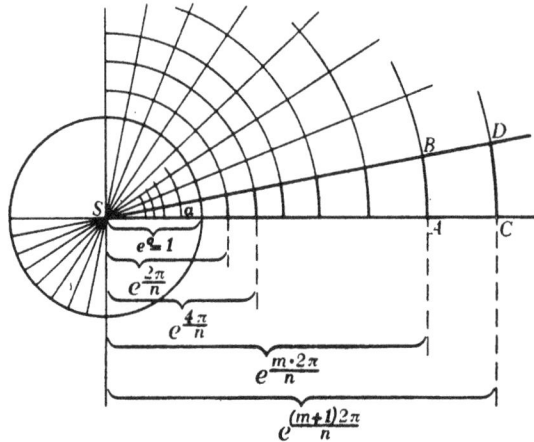

Abb. 85

Kreis und teile seinen Umfang durch das entsprechende Strahlenbüschel in n-Teile ein. Danach zeichne man um den Strahlenmittelpunkt konzentrische Kreise mit den Radien $e^0 = 1$, $e^{\pm\frac{2\pi}{n}}$, $e^{\pm\frac{4\pi}{n}}$, $e^{\pm\frac{6\pi}{n}}$ ..., wobei $e = 2{,}71828\ldots$ die Basis der natürlichen Logarithmen ist. Damit erhält man die gesuchte Einteilung. Beweis (Abb. 85): Es ist zu beweisen, daß $AB = BD$. Es sei $AB = \alpha \cdot e^{\frac{m \cdot 2\pi}{n}}$. Dann ist

$$BD = e^{\frac{(m+1)2\pi}{n}} - e^{\frac{m \cdot 2\pi}{n}} = e^{\frac{m \cdot 2\pi}{n}}\left(e^{\frac{2\pi}{n}} - 1\right).$$

Nun ist aber $\dfrac{2\pi}{n} = \alpha$, also $BD = e^{\frac{m \cdot 2\pi}{n}}(e^\alpha - 1)$. Entwickele ich aber e^α in eine Reihe $e^\alpha = 1 + \dfrac{\alpha}{1!} + \dfrac{\alpha^2}{2!} + \ldots$, so wird

$$BD = e^{\frac{m \cdot 2\pi}{n}}\left(\frac{\alpha}{1!} + \frac{\alpha^2}{2!} + \ldots\right)$$
$$= \alpha\, e^{\frac{m \cdot 2\pi}{n}}\left(\frac{1}{1!} + \frac{\alpha}{2!} + \ldots\right).$$

Für kleines α wird der Wert der Klammer aber gleich 1, womit bewiesen ist:

$$BD = \alpha \cdot e^{\frac{m \cdot 2\pi}{n}} = AB.$$ Je kleiner also α gewählt ist, um so genauer ist die quadratische Teilung.

Übertrage ich nun diese quadratische Einteilung rückwärts durch Projektion wieder auf die im Strahlenmittelpunkt S aufgesetzte Kugel, so ist diese mit einem Netz von Meridianen und Parallelkreisen in Quadratteilung überzogen. Ziehe ich in diesem Quadratnetz nun die Quadratdiagonalen, so ergeben diese in ihrer Aneinanderreihung eine Schar von Kurven, die die Meridiane an jeder Stelle unter einem Winkel von 45⁰ schneiden. In Abb. 86 sind solche Kurven gezeichnet, die die Meridiane (Abb. 86a) unter $\operatorname{tg}\alpha = \frac{1}{2}$ und $\operatorname{tg}\beta = -2$

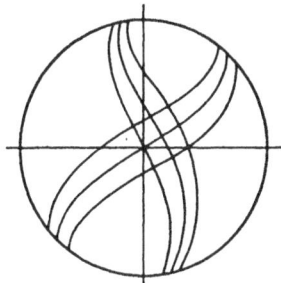

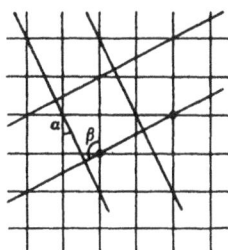

Abb. 86　　　　　　　　　　　Abb. 86a

schneiden. Diese beiden Kurvenscharen bilden wieder ein quadratisches Netz, wie ein Blick auf Abb. 86a beweist. Man nennt solche Linien, die die Meridiane stets unter demselben Winkel schneiden, *Loxodrome*. Sie spielen in der Schiffahrt eine Rolle, insofern sie für ein Schiff die Linie angeben, auf der sich das Schiff von einem Ort zum anderen bewegen muß, falls es seinen Kurs (die Himmelsrichtung) nicht ändern will. Auf dem Globus sind diese Loxodrome Raumkurven, die sich dem Erdpol spiralartig nähern. Auf der stereographischen Polarkarte, bei der die Erdmeridiane durch ein Strahlenbüschel dargestellt werden, sind die Bilder dieser Loxodrome, da sie die Strahlen des Büschels unter konstantem Winkel schneiden, sog. logarithmische Spiralen.

Zum Schluß dieses Abschnittes bringen wir den *Satz von Chasles* (1816), der angibt, wie man den Mittelpunkt zu dem Bild eines Kugelkreises findet. Er lautet: *Das stereographische Bild eines Kugelkreises K ist ein Kreis K′, dessen Mittelpunkt O man erhält, wenn man den Scheitel S des Kegels, der die Kugel längs K berührt, vom Projektionszentrum auf die Bildebene projiziert.*

Beweis (Abb. 87): P sei das Projektions-(Inversions-)zentrum, von dem aus die Kugel auf die Äquator-

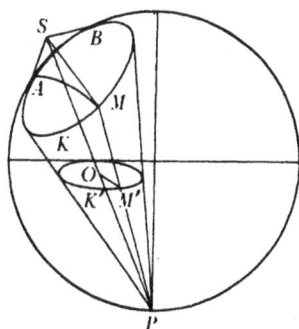

Abb. 87

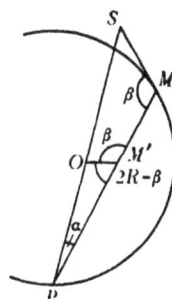

Abb. 87a

ebene projiziert wird. Wir legen durch P und die Kegelspitze S eine beliebige Ebene PMS. M' ist dann das inverse Bild von M, O die Projektion von S. Es kommt darauf an, die Konstanz der Länge von $M'O$ zu beweisen. Die Ebene PMS schneidet die Kugel in einem Kreise (Abb. 87a), und der Winkel, den PM in M mit diesem Kreisbogen bildet, ist derselbe, den PM mit der Tangente an diesen Kreis in M, d. h. mit SM, bildet. Das Bild dieses Kreisbogens ist nun OM'. Demnach sind die Winkel PMS und $PM'O$ Supplementwinkel, da bei der Inversion Winkel wohl gleich groß, aber mit entgegengesetztem Drehungssinn abgebildet werden. In Abb. 87a ergibt die Anwendung des Sinussatzes:

$$\frac{M'O}{PO} = \frac{\sin \alpha}{\sin (2\,R - \beta)} = \frac{\sin \alpha}{\sin \beta}$$

$$\frac{MS}{PS} = \frac{\sin \alpha}{\sin \beta}$$

$$\overline{\frac{M'O}{PO} = \frac{MS}{PS}}$$

$$M'O = \frac{MS \cdot PO}{PS}\, .$$

Bewegt sich M nun auf K, so bleiben MS, PO, PS konstant, also auch $M'O$, d. h. O ist der Mittelpunkt von K'.

IV. DIE DUPINSCHE ZYKLIDE

1. Grundlegende Begriffe. Wir stellen an den Anfang unserer Erörterungen eine Aufgabe: Drei Kugeln K_1, K_2, K_3 mögen einander von außen berühren. Um die eine von ihnen, z. B. K_3, lassen sich Berührungskugeln so legen, daß sie eine alle drei Kugeln berührende Reihe bilden und jede von ihnen auch die vorhergehende berührt. Es soll untersucht werden, ob die Reihe nach einem Umgang schließt, ob dies stets der Fall ist, wo man auch beginne, und wie groß die Anzahl der Kugeln der Reihe ist.

Diese Aufgabe ist das räumliche Gegenstück zu der Aufgabe 2 S. 30. Man macht den Berührungspunkt P von K_1 und K_2 zum Zentrum einer Inversion mit beliebiger Potenz. Die Kugeln K_1 und K_2 werden dadurch zu parallelen Ebenen K_1' und K_2', die die Kugel K_3' berühren. Um K_3' lassen sich nun sechs berührende (gleich große) Kugeln legen, ganz gleich, an welcher Stelle man beginnt. Dasselbe gilt also auch von dem ursprünglichen Problem: es lassen sich immer sechs Berührungskugeln konstruieren; ihre Durchmesser sind natürlich im allgemeinen verschieden.

Die sechs gleich großen Kugeln, die sich um K_3' zwischen den beiden parallelen Ebenen herumlegen lassen, werden von einer Ringfläche umhüllt, die durch Drehung eines Kreises um eine in seiner Ebene liegende Achse erzeugt werden kann. Ein solcher Körper wird *Torus* genannt. Die Kugelreihe berührt diese Hüllfläche in einer Schar von Kreisen, deren Ebenen durch eine Achse gehen, die durch den Mittelpunkt von K_3' läuft und auf den parallelen Ebenen K_1' und K_2' senkrecht steht. Die Ringfläche (der Torus) weist noch eine zweite Schar von Kreisen auf. Es sind die Kreisschnitte, in denen alle zu K_1' und K_2' parallelen Ebenen den Körper schneiden. In jedem dieser Kreisschnitte kann ich mir den Torus von einer Kugel berührt denken, deren Mittelpunkt auf der Torusachse liegt. Zu diesen Berührungskugeln gehören die beiden Ebenen K_1' und K_2' sowie die Kugel K_3'. Statt der sechs Kugeln kann ich mir eine Schar unendlich vieler gleich großer Kugeln denken, die den Torus im Innern erfüllen. Die Mittelpunkte dieser Kugeln liegen auf der Ebene, die in der Mitte von K_1' und K_2' verläuft, desgleichen die Berührungspunkte der sechs Kugeln, die einen Kreis bilden.

Übertragen wir diese Tatsachen, die wir beim Torus festgestellt haben, durch Inversion rückwärts auf die Anfangslage der Aufgabe, so ergeben sich folgende Sätze:

Die Reihe der sechs Berührungskugeln wird in allen Lagen von einer ringförmigen Fläche umhüllt, die zwei Scharen von Kreisschnitten enthält. In der einen Gruppe von Kreisen berührt die innere Reihe der sechs Kugeln, in der anderen die äußere Reihe der drei Kugeln K_1, K_2, K_3 die Fläche. Sowohl die Reihe der sechs wie die der drei Kugeln kann ich zu einer Schar von unendlich vielen, die Hüllfläche von innen bzw. von außen berührenden Kugeln erweitert denken. Die Berührungskreise der Innenkugeln liegen auf den Kugeln eines elliptischen Kugelbüschels, entstanden aus dem Ebenenbüschel durch die Achse des Torus; diese Achse selber wird zum gemeinsamen Kreis des Kugelbüschels. Die Berührungskreise der Außenkugeln liegen ebenfalls auf einem Kugelbüschel, entstanden aus den Parallelschnittebenen des Torus. Der aus diesen Parallelebenen durch Inversion entstandene Kugelbüschel ist ein parabolischer, bei dem sich alle Kugeln im Inversionszentrum berühren. Beim Torus schneiden die Parallelebenen das durch die Achse laufende Ebenenbüschel rechtwinklig; entsprechend werden die Kugeln des elliptischen Kugelbüschels von dem parabolischen Kugelbüschel senkrecht durchsetzt. Die Achsen der beiden Kugelbüschel kreuzen sich rechtwinklig.

Die *beiden Kreisscharen* auf der Oberfläche des Torus schneiden einander rechtwinklig; ein Gleiches gilt natürlich von den beiden Kreisscharen auf dem inversen Körper. Da wir von diesen beiden Kreisscharen fortgesetzt zu sprechen haben, führen wir besondere Bezeichnungen für sie ein. Wir wollen die aus den Parallelschnitten beim Torus hervorgegangene Kreisschar *Längskreise*, die andere, die Berührungskreise der Innenkugeln umfassende, *Querkreise* nennen und können nun als erstes Ergebnis feststellen:

Die Oberfläche unseres Körpers ist überdeckt von zwei Scharen sich rechtwinklig schneidender Kreise, Längskreisen und Querkreisen. Diese liegen auf zwei sich rechtwinklig durchdringenden Kugelbüscheln.

Weiter: Durch das Inversionszentrum und die Achse des Torus kann ich eine Ebene legen, die Symmetrieebene des Körpers ist. Diese Ebene bleibt als erste Symmetrieebene der Hüllfläche bei der Rücktransformierung erhalten. Eine zweite Symmetrieebene ergibt sich auf folgende Weise. Unter

den den Torus von außen berührenden Kugeln gibt es zwei, die durch das
Inversionszentrum laufen. Diese werden zu zwei Ebenen, die die Hüllfläche
in zwei Kreisen berühren und zwischen denen sämtliche Innenkugeln liegen.
Die Ebene, die den Winkelraum zwischen den beiden Ebenen halbiert, ist
dann eine zweite Symmetrieebene der Hüllfläche. Da die Mittelpunkte der
beiden genannten Kugeln auf der Achse des Torus liegen, werden sie von der
ersten Symmetrieebene des Torus, die durch das Inversionszentrum geht,
senkrecht durchschnitten. Demnach stehen auch die beiden Ebenen, die
die Hüllfläche begrenzen, und mit ihnen ihre Halbierungsebene auf der ersten
Symmetrieebene senkrecht. *Unser Körper besitzt also zwei zueinander senkrechte Symmetrieebenen.*
Dieser Körper trägt nun den besonderen Namen einer *Dupinschen Zyklide*,
benannt nach dem französischen Mathematiker Ch. Dupin (1784—1873),
der sich mit ihm beschäftigt hatte. Der Torus könnte als besondere Form
mit *Drehzyklide* bezeichnet werden. Von einigen Eigenschaften der Dupinschen Zyklide, die mit der Lehre von der Inversion in Beziehung stehen,
soll im folgenden die Rede sein.

2. Zeichnung der Dupinschen Zyklide. Um durch eine Zeichnung zu einem
klareren Bild der Dupinschen Zyklide zu gelangen, gehen wir von der Drehzyklide, dem Torus, aus und nehmen das Inversionszentrum O der Einfachheit halber auf der die Innenkugeln des Torus senkrecht durchschneidenden
Symmetrieebene an. Diese und die durch O und die Torusachse gehende
Ebene werden dann in sich selber invertiert und werden zugleich zu Symmetrieebenen der entstehenden allgemeineren Zyklide. Abb. 88 stellt die beiden Symmetrieebenen dar. Die obere Zeichnung zeigt den senkrechten Schnitt durch
den Torus mit der Innenkugel K_3 und den Torusschnitten C_1 und C_2, die
Achse a und den Schnitt durch die Inversionskugel i. Diese Inversionskugel
mit dem Mittelpunkt O ist so gewählt, daß sie K_3 senkrecht schneidet, K_3
also in sich selber transformiert. C_1 und C_2 werden zu C_1' und C_2'. Die gemeinsamen äußeren Tangenten an C_1' und C_2' mit dem Schnittpunkt S_1
stellen den Schnitt der beiden Tangentialebenen dar, zwischen denen die
Zyklide liegt. Da S_1 äußerer Ähnlichkeitspunkt der Kreise C_2' und C_1' ist,
so folgt:

$$\frac{S_1 A}{S_1 C} = \frac{S_1 B}{S_1 D} \text{ oder}$$

$$S_1 A \cdot S_1 D = S_1 B \cdot S_1 C,$$

d. h. die in S_1 auf der senkrechten Symmetrieebene (Aufrißebene) lotrecht
stehende Gerade $\mathfrak{s}_1$ (s. waagerechte Symmetrieebene, Grundriß!) ist Potenzlinie der beiden Kreise K_3 und C_3, welche den Schnitt der Zyklide begrenzen.
Wir wollen nun zwei Scharen von Kugeln nachweisen, welche die Zyklide
senkrecht durchschneiden. Zunächst besteht eine Schar von Kugeln, die
alle Innenkugeln des Torus senkrecht durchsetzen. Jede dieser Kugeln
schneidet den Torus in einem Parallelkreis. Die Mittelpunkte dieser Kugeln
liegen auf der Achse a (Beispiel C_4). Sie werden transformiert in eine Schar

von Kugeln, die die allgemeine Zyklide orthogonal schneiden. Da in der senkrechten Symmetrieebene die Schnitte dieser Kugeln (z. B. C_4') die Kreise C_1' und C_2' senkrecht schneiden, müssen ihre Mittelpunkte auf der Potenz-

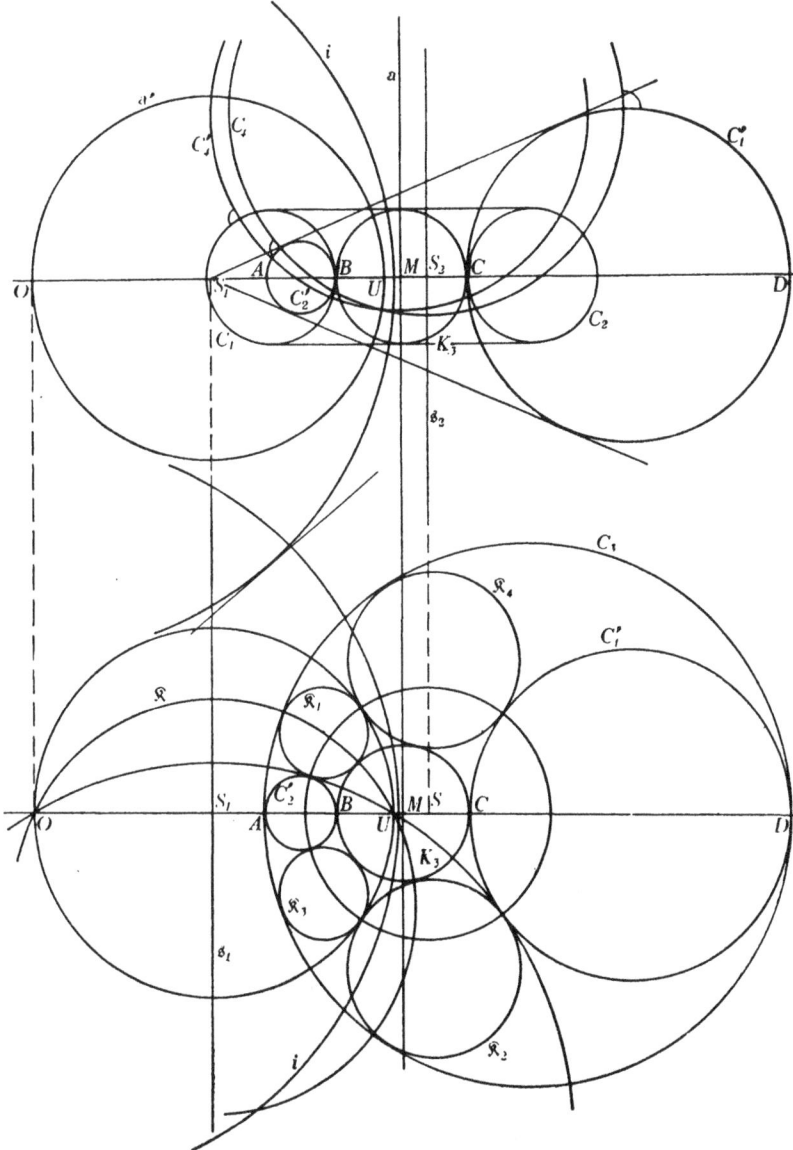

Abb. 8

achse $\mathfrak{Z}_2$ der Kreise C_1' und C_2' liegen. Aus $S_2A \cdot S_2B = S_2C \cdot S_2D$ folgt nun $S_2A : S_2D = S_2C : S_2B$, d. h. S_2 ist (Grundriß!) innerer Ähnlichkeits-punkt der Kreise K_3 und C_3. *Diese erste, die Zyklide in den Längskreisen senkrecht durchsetzende Schar von Kugeln bildet also einen elliptischen Kugel-*

büschel mit der Achse $\mathfrak{z}_2$, *die in* S_2, *dem inneren Ähnlichkeitspunkt der Grenzkreise* K_3 *und* C_3, *auf deren Ebene senkrecht steht.*
Die zweite, die Innenkugeln der Zyklide senkrecht schneidende Kugelschar
kennen wir bereits. Sie geht aus dem durch die Achse a des Torus gehenden
Ebenenbüschel hervor und bildet ebenfalls einen elliptischen Kugelbüschel,
der den zu a inversen Kreis a' zum Grundkreis hat. In der waagerechten Symmetrieebene durchsetzen also die Schnittkreise dieses Kugelbüschels (die
durch O und U laufen) alle Schnittkreise der Innenkugeln senkrecht, kreuzen
also auch die Grenzkreise K_3 und C_3 orthogonal und müssen mit ihren Mittelpunkten demnach auf der Potenzlinie $\mathfrak{z}_1$ von K_3 und C_3 liegen. *Die zweite,
die Zyklide in den Querkreisen senkrecht durchsetzende Schar von Kugeln bildet
also einen elliptischen Kugelbüschel mit der Achse* $\mathfrak{z}_1$, *die in* S_1, *dem äußeren
Ähnlichkeitspunkt der Kreise* C_1' *und* C_2' *auf deren Ebene senkrecht steht.*
3. *Die Zyklide als anallagmatische Fläche.* Da die Kugeln des eben behandelten ersten Büschels (Achse $\mathfrak{z}_2$) sämtliche Innenkugeln der Zyklide senkrecht
durchsetzen, transformiert eine Inversion an jeder dieser Kugeln die Zyklide
in sich selber. Ein Gleiches gilt von den Kugeln des zweiten Büschels (Achse
$\mathfrak{z}_1$). Nehmen wir z. B. (Abb. 88) die Kugel $\mathfrak{K}$, die die Innenkugeln $\mathfrak{K}_1$ und
$\mathfrak{K}_2$ senkrecht schneidet, ebenso wie die Grenzkreise K_3 und C_3. Durch die
Inversion von $\mathfrak{K}$ gehen $\mathfrak{K}_1$ und $\mathfrak{K}_2$ und ebenso K_3 und C_3 in sich selber über.
C_2' wird zu $\mathfrak{K}_4$ und $\mathfrak{K}_3$ zu C_1', d. h. die Zyklide als Ganzes ist unverändert
geblieben. Bezüglich jeder Kugel dieser beiden Büschel ist also die Zyklide
anallagmatisch.
4. *Längs- und Querkreise.* Von den Längs- und Querkreisen haben wir bisher
nachgewiesen, daß sie auf Kugelbüscheln gelagert waren. Wir zeigen nun,
daß sie auch zwei Ebenenbüscheln angehören.
Ich denke mir durch das Inversionszentrum O, das wir bekanntlich auf der
horizontalen Symmetrieebene des Torus angenommen hatten, und jeden
Parallelkreis (Längskreis) des Torus die betreffende Kugel gelegt. Alle diese
Kugeln bilden einen elliptischen Kugelbüschel, dessen gemeinsamer Kreis
in der horizontalen Symmetrieebene liegt und seinen Mittelpunkt in M,
dem Torusmittelpunkt hat. Bei der Inversion um O wird aus diesem Kugelbüschel ein Ebenenbüschel, dessen Ebenen samt Achse auf der senkrechten
Symmetrieebene lotrecht stehen. Da unter den Kugeln des Kugelbüschels
sich auch zwei befinden, die den Torus längs eines Längskreises berühren
und aus denen die beiden Grenzebenen werden, die die Zyklide von außen
einschließen, so fällt die Achse unseres Ebenenbüschels mit $\mathfrak{z}_1$, der Potenzlinie von K_3 und C_3, zusammen. Wir legen weiter durch O und jeden Querkreis des Torus je eine Kugel. Alle diese Kugeln haben ihre Mittelpunkte
auf der horizontalen Symmetrieebene, werden also von dieser rechtwinklig
durchschnitten. In Abb. 89 sei $\mathfrak{K}_1$ im Grundriß eine solche Kugel. Es ist
nun

$$ME \cdot MO = MP_2 \cdot MP_1$$
$$ME = \frac{MP_2 \cdot MP_1}{MO}.$$

Da der Bruch auf der rechten Seite dieser Gleichung nur aus konstanten Größen besteht, ist E für alle Kugeln dieser Schar ein fester Punkt. Die Kugeln bilden mithin einen elliptischen Kugelbüschel, dessen gemeinsamer Kreis der über OE als Durchmesser in der senkrechten Symmetrieebene zu errichtende Kreis ($\Re_2$ im Aufriß) ist. Bei Inversion wird aus diesem Kugelbüschel ein Ebenenbüschel, der auf der horizontalen Symmetrieebene senk-

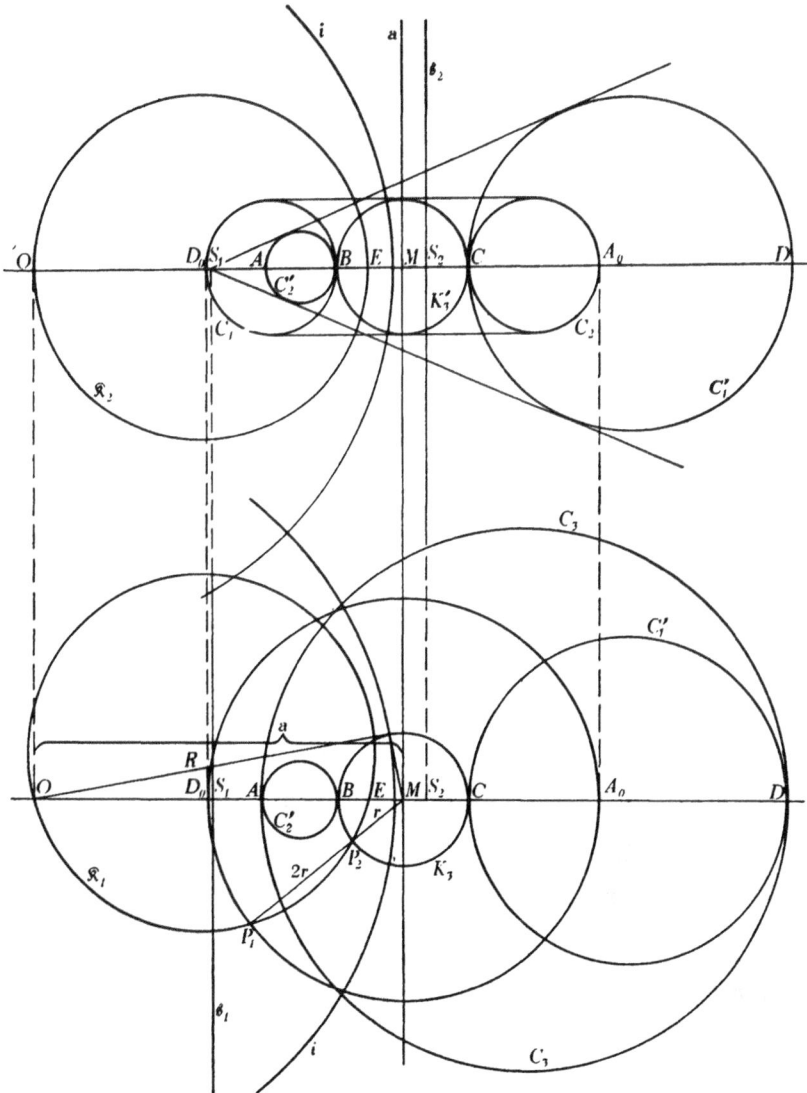

Abb. 89

recht steht. Die Achse geht durch den zu E inversen Punkt, und es steht zu vermuten, daß dies der Punkt S_2 sei, den wir bereits als inneren Ähnlichkeitspunkt der Kreise K_3 und C_3 oder als einen Potenzpunkt der Kreise C_2' und C_1' kennen. Daß dem so ist, läßt sich durch Rechnung etwa folgendermaßen bestätigen. Bezeichne ich OM mit a, den Radius der Toruskugeln mit r, den Inversionsradius mit R, wobei $R^2 = a^2 - r^2$, so ist, da A die Inverse zu A^0 ist:

$$O A \cdot O A_0 = R^2 = a^2 - r^2$$
$$O A = \frac{a^2 - r^2}{a + 3 r}.$$

Weiter ist:

$$OB = a - r; \quad OC = a + r; \quad O D \cdot O D_0 = a^2 - r^2$$
$$OD = \frac{a^2 - r^2}{a - 3 r}.$$

Die Potenz von $\mathfrak{K}_1$ in M ist:

$$M E \cdot MO = 3 r^2$$
$$M E = \frac{3 r^2}{a}.$$

$O S_2 \cdot O E = a^2 - r^2$ (S_2 als Inverve von E)

$$O S_2 = \frac{a^2 - r^2}{O E} = \frac{a^2 - r^2}{O M - M E} = \frac{a^2 - r^2}{a - \dfrac{3 r^2}{a}} = \frac{a^3 - a r^2}{a^2 - 3 r^2}.$$

Ich weise nun nach, daß $A S_2 \cdot B S_2 = C S_2 \cdot D S_2$:

$$A S_2 = O S_2 - O A = \frac{3 a^3 r - 3 a r^3 + 3 a^2 r^2 - 3 r^4}{(a^2 - 3 r^2)(a + 3 r)}$$

$$B S_2 = O S_2 - O B = \frac{2 a r^2 + a^2 r - 3 r^3}{a^2 - 3 r^2}$$

$$C S_2 = O C - O S_2 = \frac{a^2 r - 2 a r^2 - 3 r^3}{a^2 - 3 r^2}$$

$$D S_2 = O D - O S_2 = \frac{3 a^3 r - 3 a^2 r^2 - 3 a r^3 + 3 r^4}{(a - 3 r)(a^2 - 3 r^2)}.$$

Führe ich die Multiplikationen aus, so ergibt sich die Richtigkeit der Gleichung $A S_2 \cdot B S_2 = C S_2 \cdot D S_2$. Die Inverse zu E ist also tatsächlich der innere Ähnlichkeitspunkt S_2 der Kreise K_3 und C_3.

Wir fassen zusammen: *Die Längskreise liegen auf einem Ebenenbüschel, der auf der senkrechten Symmetrieebene lotrecht steht. Die Achse $\mathfrak{Z}_1$ geht durch den äußeren Ähnlichkeitspunkt der beiden Kreise, in denen die Zyklide von der senkrechten Symmetrieebene geschnitten wird. Die Querkreise liegen auf einem Ebenenbüschel, der auf der horizontalen Symmetrieebene senkrecht steht. Die Achse $\mathfrak{Z}_2$ geht durch den inneren Ähnlichkeitspunkt der beiden Kreise, in denen die Zyklide durch die horizontale Symmetrieebene geschnitten wird.*

Wir kommen später (in Nr. 7) noch einmal auf die Längs- und Querkreise zu sprechen, um ihre eigentliche Bedeutung für die Zyklide zu würdigen.

5. Kreisschnitte auf der Zyklide. Zu den Längs- und Querkreisen treten unn
noch zwei neue Kreisscharen. Wir gehen wieder von der Drehzyklide aus
und legen durch deren Mittelpunkt eine Ebene, welche die Zyklide doppelt
berührt, d. h. Tangentialebene an zwei diametral liegende Innenkugeln ist.
In Abb. 90 stellt AB die Spur einer solchen, auf der Aufrißebene senkrecht

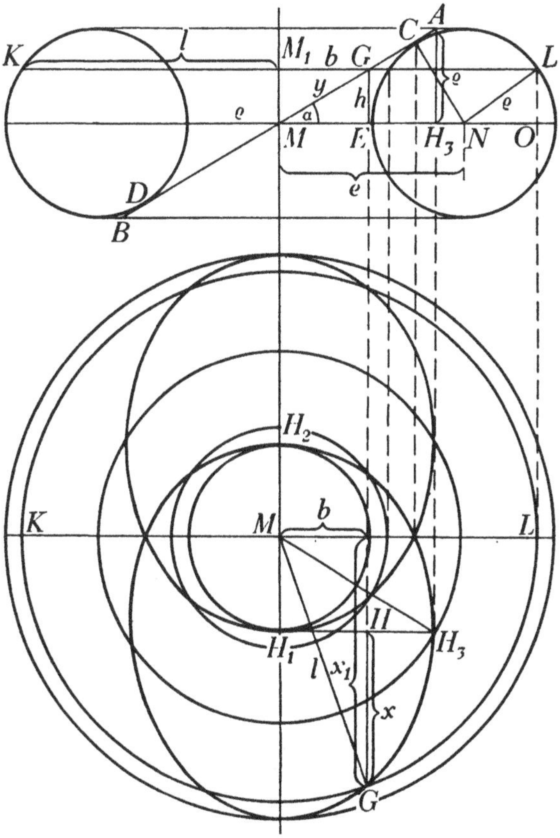

Abb. 90

stehenden Berührungsebene dar. Sie berührt die Zyklide in den Punkten
C und D und schneidet sie im übrigen in einer Doppelkurve, deren Charakter
wir nun bestimmen wollen.
Wir erhalten einzelne Punkte dieser Schnittkurve, indem wir nach den Regeln
der darstellenden Geometrie durch die Zyklide Schnittkreise parallel zur
Grundrißebene legen und bei jedem dieser Kreise die Punkte bestimmen,
in denen er durch die Berührungsebene geschnitten wird. G ist ein solcher
Punkt. Die Koordinaten von G bezüglich eines in der Berührungsebene mit
dem Anfangspunkt M liegenden Achsenkreuzes seien x_1 und y. Die die Zyklide
bestimmenden Konstanten e und ϱ sowie die anderen, in den folgenden Gleichungen verwendeten Buchstabenbezeichnungen entnehme man in ihrer Lage

aus der Figur. Es ist: $x_1{}^2 = l^2 - b^2$ und $b = y \cos \alpha$, ferner $EG = h = y \sin \alpha$,
$$l = MO = MN + NO = e + \sqrt{\varrho^2 - h^2} = e + \sqrt{\varrho^2 - y^2 \sin^2 \alpha}$$
und $\varrho = e \sin \alpha$. Die Gleichung $x_1{}^2 = l^2 - b^2$ geht dann über in
$$x_1{}^2 = (e + \sqrt{\varrho^2 - y^2 \sin^2 \alpha})^2 - y^2 \cos^2 \alpha$$
$$x_1{}^2 + y^2 - e^2 - \varrho^2 = 2 e \sqrt{\varrho^2 - y^2 \sin^2 \alpha} \cdot$$
Quadriert:
$$(x_1{}^2 + y^2 - e^2 - \varrho^2)^2 = 4 e^2 \varrho^2 - 4 e^2 y^2 \sin^2 \alpha$$
$$= 4 e^2 \varrho^2 - 4 \varrho^2 y^2.$$
Führt man die Quadrierung links aus und bringt die rechte Seite auch auf
die linke, so läßt sich nach Vereinigung der gleichnamigen Glieder die Gleichung in der Form
$$(x_1{}^2 + y^2 - e^2 + \varrho^2)^2 - 4 x_1{}^2 \varrho^2 = 0$$
schreiben, die sich in die Produktengleichung
$$(x_1{}^2 + y^2 - e^2 + \varrho^2 + 2 x_1 \varrho)(x_1{}^2 + y^2 - e^2 + \varrho^2 - 2 x_1 \varrho) = 0$$
zerlegen läßt, in der jeder Faktor gleich Null gesetzt werden kann. Für den
zweiten Faktor mache man folgende Umformung. Rechnet man den Abstand des Punktes G nicht vom Durchmesser KL, sondern von einem um ϱ
mehr nach vorne liegenden Punkt H aus, so ist der neue Abstand $x = x_1 - \varrho$;
für x_1 hat man also zu setzen $x_1 = x + \varrho$ und erhält dann aus der Gleichung
$$x_1{}^2 + y^2 - e^2 + \varrho^2 - 2 x_1 \varrho = 0 \quad \text{die neue}$$
$$(x + \varrho)^2 + y^2 - e^2 + \varrho^2 - 2 (x + \varrho) \varrho = 0 \quad \text{oder}$$
$$x^2 + y^2 = e^2.$$
G liegt also auf einem in der Berührungsebene befindlichen Kreis um H_1
mit dem Radius e. Der erste Faktor unserer Produktengleichung ergibt
ebenso einen Kreis um H_2 mit e. *Jeder schräge Berührungsschnitt liefert also
zwei kongruente Kreise.* Denke ich mir die Berührungsebene um M gedreht,
so beschreibt sie zwei Scharen solcher schrägen Kreisschnitte.
Aus der Kongruenz der Dreiecke MH_1H_3, MH_3A und MCN folgt, daß
$MH_3 = e$ ist, daß also M einer der Brennpunkte der unteren Ellipse mit der
großen Achse $2 e$ ist, in der sich der eine der Schnittkreise projiziert. Für die
obere Ellipse gilt das Gleiche.
Invertiert man die Drehzyklide, so werden die Schrägschnittebenen zu Kugeln,
die alle durch das Inversionszentrum O und den Punkt U in Abb. 88 laufen,
der dem Mittelpunkt der Drehzyklide entspricht. Diese Kugeln bilden also
ein Kugelbündel mit der Achse OU. Jede Kugel berührt die Zyklide in zwei
Punkten und schneidet sie in zwei Kreisen. Wir fassen zusammen: *Jede
Dupinsche Zyklide enthält vier Scharen von Kreisschnitten.*

6. Inversion auf der Drehzyklide. Macht man einen Punkt P der Achse einer
Drehzyklide (Abb. 91) zum Inversionszentrum und die zugehörige Tangente
$PT = t$ zum Inversionsradius, so durchsetzt die Inversionskugel jede der
Innenkugeln senkrecht, bildet also die Zyklidenfläche auf sich selber ab.
Jeder Querkreis geht in sich selber über und jeder Längskreis (z. B. LN) in

einen anderen (L_1N_1) derselben Schar. Daß auch jeder schräge Kreisschnitt in einen anderen seiner Art transformiert wird, wollen wir uns an der Abbildung nun klarmachen. Sie zeigt, wie der als Gerade sich darstellende Schrägschnitt ED in den als Ellipse sich projizierenden anderen Kreisschnitt übergeht. Punkt V z. B., der auf dem Parallelschnitt AK vorn zu denken ist, invertiert sich in Punkt V_1 des inversen Kreises A_1K_1, W in W_1, X in sich selber usf. Nun ist P auf der Achse beliebig angenommen. Verändere ich P, so geht der Schnitt DE in einen anderen Schrägschnitt über. Da bei der Inversion aber die Winkel, unter denen der Kreis DE die Parallelkreise und Meridiane (Längs- und Querkreise) schneidet, erhalten bleiben und dieser Kreis DE bei

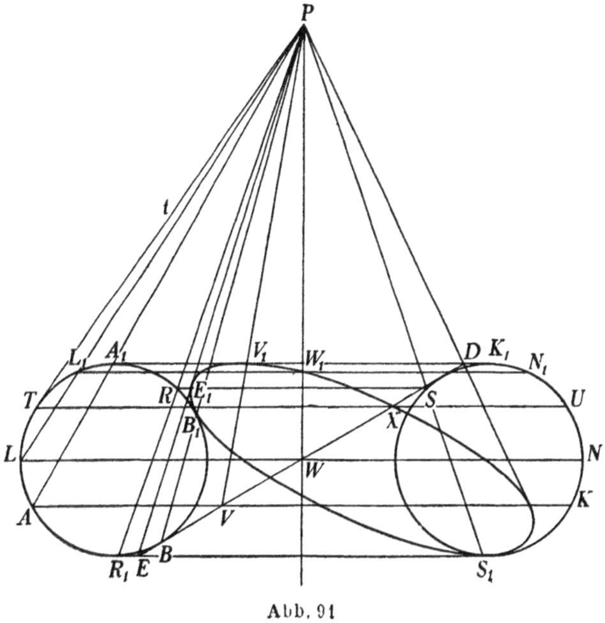

Abb. 91

wechselndem P in jeden anderen Schrägschnitt verwandelt werden kann, so folgt für die Drehzyklide und damit für jede Dupinsche Zyklide: *Die Winkel, unter denen die schrägen Kreisschnitte der beiden Gruppen die Längs- und Querkreise sowie sich selber schneiden, sind überall dieselben. Diese Schnitte sind demnach als Loxodrome zu bezeichnen.*

Abb. 92 zeigt die Drehzyklide im Grund- und Aufriß mit einer Anzahl Querkreise, Längskreise und Schrägschnitte (Loxodrome). Die Loxodrome ergeben im allgemeinen Falle „Rhomben" (deren Diagonalen sich rechtwinklig schneiden); diese werden (wie in unserer Abbildung) zu „Quadraten", wenn die beiden geradlinig erscheinenden Schrägschnitte einander rechtwinklig schneiden. Je zwei durch einen dritten getrennte Querkreise und Längskreise bilden ein „Rechteck", dessen Diagonalen durch zwei Schrägschnitte gebildet werden. Damit ist die *konforme oder winkeltreue Abbildung der*

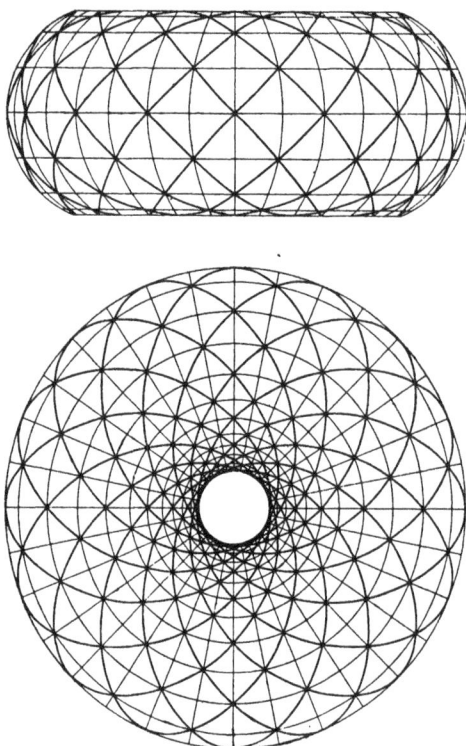

Abb. 92

Zyklidenfläche auf ebene Rechtecke ermöglicht. Das gilt natürlich nicht nur für die Drehzyklide, sondern für jede Dupinsche Zyklide, da ja bei Inversion die Winkeltreue erhalten bleibt.

7. *Krümmungslinien der Dupinschen Zyklide.* Benachbarte Normalen einer Fläche können einander schneiden oder kreuzen. Schneiden sie sich, so ergeben sie einen sog. *Krümmungsmittelpunkt* für die Schnittlinie, die mit den beiden Normalen eine Ebene bildet. Diejenigen Kurven einer Fläche, bei denen die Normalen aufeinanderfolgender Punkte sich schneiden, werden als *Krümmungslinien* der Fläche bezeichnet. Bei jeder Drehzyklide erkennt man sofort zwei Scharen einander senkrecht schneidender Krümmungslinien: die Längskreise und die Querkreise. Denke ich mir die Drehzyklide durch Rotation eines Kreises um eine in seiner Ebene liegende Achse erzeugt, so bildet dieser Kreis in jeder Lage eine Krümmungslinie, deren Normalen die Ebene des erzeugenden Kreises erfüllen. Jeder Punkt des rotierenden Kreises beschreibt bei der Drehung ebenfalls eine Krümmungslinie, einen Längskreis, dessen zugehörige Flächennormalen einen Rotationskegel mit der Spitze auf der Achse darstellen.

Um jeden Krümmungsmittelpunkt als Schnittpunkt zweier Nachbarnormalen kann man sich eine Kugel gelegt denken, deren Radius der *Krümmungsradius* für die betreffende Stelle ist. Der ebene Schnitt, der durch die Ebene zweier benachbarter Normalen bestimmt ist, schneidet die Kugel in einem größten Kreis, dem *Krümmungskreis* der Krümmungslinie für die betreffende Stelle.

Es besteht nun der Satz: *Bildet man eine Fläche durch Inversion ab, so gehen die Krümmungslinien wieder in Krümmungslinien über.* Beweis: Die Krümmungskugel geht bei der Inversion wieder in eine Kugel P über, die Ebene der benachbarten Normalen in eine die Kugel P rechtwinklig schneidende Kugel Q und die beiden Normalen werden zu zwei Kreisen (Abb. 93) auf Q, die den Schnittkreis der beiden Kugeln senkrecht schneiden. Ihre Tangenten in A und B gehören also dem Tangentenkegel des Schnittkreises an und schneiden einander im Mittelpunkt der Kugel P. Die Punkte A und B sind aber die Bilder benachbarter Punkte der Krümmungslinie der abgebildeten Fläche. Weil die Normalen in A und B sich wiederum schneiden, ist AB ein Element der neuen Krümmungslinie. Damit ist der Satz bewiesen.

Bei der Inversion werden aus den zwei Scharen kreisförmiger Krümmungslinien der Drehzyklide ebensolche Krümmungslinien der allgemeinen Dupinschen Zyklide. In diesen beiden Scharen der Quer- und Längskreise wird die Zyklide, wie wir bereits wissen, von zwei Scharen von Kugeln berührt, deren Mittelpunkte in den beiden zueinander senkrechten Symmetrieebenen des Körpers liegen. Jede Kugel der einen Schar berührt alle Kugeln der anderen Schar in den Punkten einer kreisförmigen Krümmungslinie. Zwei Krümmungslinien derselben Schar können durch eine Kugel miteinander verbunden werden. Zwei Krümmungslinien verschiedener Scharen schneiden einander rechtwinklig.

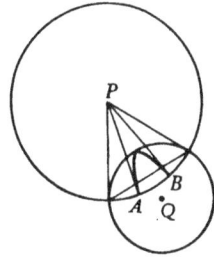

Abb. 93

Die Dupinsche Zyklide hat *zwei* Scharen kreisförmiger Krümmungslinien, da die Kurve, durch deren Rotation die Drehzyklide entsteht, selber ein Kreis ist. Denken wir uns statt eines Kreises eine beliebige Kurve, so ergibt diese bei Rotation zwar überall eine Krümmungslinie, die aber kein Kreis zu sein braucht. Dagegen ist der Kreis, den jeder Kurvenpunkt bei der Rotation beschreibt, stets eine Krümmungslinie, da die Flächennormalen in den Punkten dieses Kreises einen Kegelmantel erfüllen. Da eine inverse Transformation Krümmungslinien als solche erhält, kann gesagt werden: *Jede Fläche, die sich durch Inversion in eine Drehungsfläche verwandeln läßt, hat zwei Scharen von Krümmungslinien. Die eine besteht aus Kreisen; die andere, aus der rotierenden Kurve hervorgegangene Schar schneidet die der ersten Schar rechtwinklig.*

8. Formen der Dupinschen Zyklide. Durch Inversion wird eine Dupinsche Zyklide wieder zu einer Zyklide. Im besonderen lassen sich alle Erscheinungsformen der Zyklide aus der Drehzyklide, dem Torus, ableiten. Nun hatten wir zuletzt die Drehzyklide erzeugt durch Rotation eines Kreises um eine Achse in seiner Ebene. Dabei sind drei Fälle zu unterscheiden: die Achse kann den Kreis in zwei Punkten schneiden, ihn berühren oder überhaupt nicht treffen. Demgemäß erhalten wir Drehzykliden mit zwei Doppelpunkten, durch die die Krümmungskreise der einen Schar (Querkreise) laufen, mit einem Cuspidalpunkt, in dem diese Krümmungskreise sich berühren, und endlich Drehzykliden ohne reelle Doppelpunkte. Diese letztere Art ist die von uns bisher stillschweigend unseren Betrachtungen zugrunde gelegte Form. Aus diesen Erscheinungsformen der Drehzyklide lassen sich alle Formen der Zyklide ableiten. Wir hatten uns darauf beschränkt, das Inversionszentrum außerhalb der Fläche anzunehmen. Wir wollen ihm nun auch auf und innerhalb der Fläche seinen Platz anweisen, bleiben aber dabei um der Einfachheit der Zeichnung willen auf der horizontalen Symmetrieebene der Drehzyklide.

6*

Abb. 94 und 95 zeigen uns die Transformation des Torus, wenn man das Inversionszentrum O auf der Torusfläche annimmt. Die Zyklide, die durch Inversion entsteht, erstreckt sich ins Unendliche. Die beiden sich in O schneidenden Krümmungskreise K_1' und K_4 werden zu sich rechtwinklig kreuzenden Geraden K_1' und K_4'. Die beiden Scharen von Krümmungskreisen erhalte ich am besten auf folgende Weise. Durch die Längskreise denke ich mir eine Schar von Kugeln gelegt, die zugleich durch O gehen (Beispiel $OCDA$ im Aufriß).

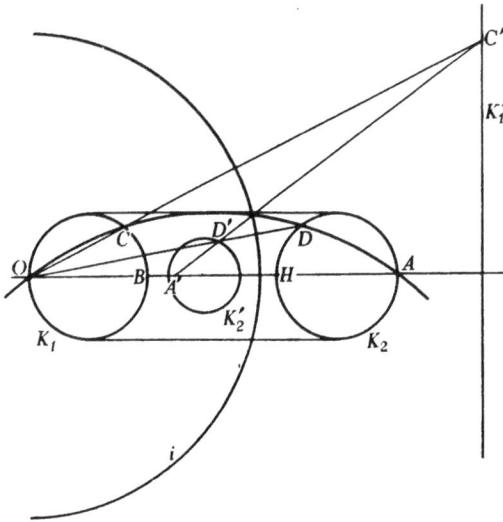

Abb. 94

Dieser Kugelbüschel wird zu einem Ebenenbüschel, dessen Achse durch A' geht. Der Parallelkreis über CD z. B. wird zu einem Kreis über $C'D'$. Man denke sich diesen Strahl $A'D'C'$ um A' gedreht und über jedem Durchschnittspaar $C'D'$ mit K_1' und K_2' den auf der Aufrißebene senkrecht stehenden Kreis errichtet. Zur Inversion der Querkreise lege man durch diese und O ebenfalls einen Kugelbüschel, dessen gemeinsamer Kreis im Grundriß durch OB dargestellt wird. EF sei der Durchschnitt eines solchen Querkreises. Aus diesem Kugelbüschel wird dann auch ein Ebenenbüschel, dessen Achse in B' senkrecht auf der Grundrißebene steht. Aus einem Querkreis EF wird ein

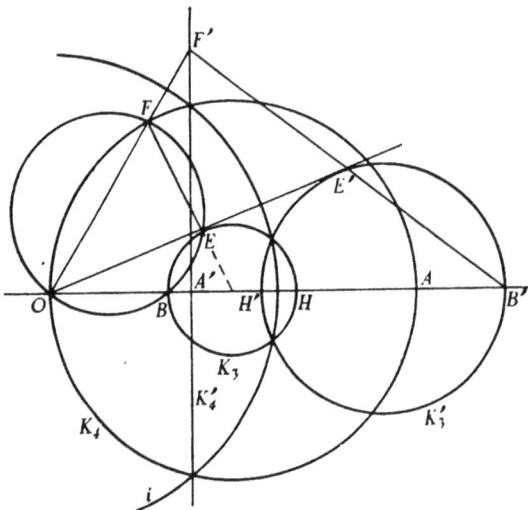

Abb. 95

Kreis über $E'F'$. Man denke sich im Grundriß den Strahl $B'E'F'$ um B' gedreht und über jedem Punktepaar $E'F'$ senkrecht zur Grundrißebene den Kreis errichtet. Hat man in dieser Weise eine Vorstellung von dem Verlauf der beiden Scharen von Krümmungskreisen erhalten, so dürfte es wohl möglich sein, daraus ein räumliches Bild der vorliegenden Zyklide zu gewinnen.

Durchschnittszeichnungen der anderen charakteristischen Zyklidenformen zur Übung anzufertigen, sei dem Leser überlassen. Ihre ausführliche Behandlung würde über den Rahmen dieser Schrift hinausgehen. Nur noch einige kurze Bemerkungen. Die Drehzyklide mit zwei Doppelpunkten liefert bei Inversion an einem innerhalb des ringförmigen Raumes gelegenen Zentrum eine sog. *Hornzyklide.* Diese besteht aus zwei Schalen, von denen jede außerhalb der anderen liegt; die Schalen endigen in Spitzen und sind durch die beiden Doppelpunkte miteinander verbunden. Legt man das Inversionszentrum außerhalb der Drehzyklide, so erhält man eine *Spindelzyklide,* die aus zwei in zwei Punkten vereinigten Schalen besteht, von denen die eine sich innerhalb der anderen befindet. Legt man den Inversionspol in einen der beiden Doppelpunkte der Drehzyklide, so werden alle Krümmungskreise der einen Schar (Querkreise) zu Geraden, die durch einen Punkt gehen und mit der Zyklidenachse, die erhalten bleibt, einen konstanten Winkel bilden. Sie sind mithin die Mantellinien eines *Rotationskegels.* Senkrecht zu ihnen verlaufen dann auf der Kegeloberfläche die Krümmungslinien der zweiten Schar.

Legen wir bei einer Drehzyklide mit Cuspidalpunkt das Inversionszentrum in diesen, so ergibt die Transformation den Mantel eines *Kreiszylinders. Kegel und Zylinder sind also Sonderformen der Dupinschen Zyklide.*

Endlich dürfte der Leser noch die Frage stellen, ob es außer den bisher nur genannten „Dupin"schen Zykliden noch andere Zyklidenarten gibt. Bei einer Drehzyklide und damit bei jeder Dupinschen Zyklide gibt es eine Schar von Kugeln, die alle Innenkugeln senkrecht schneiden. Halten wir eine dieser Orthogonalkugeln fest und bemerken anderseits, daß die Mittelpunkte aller Innenkugeln, wie sich leicht zeigen läßt, auf einer Ellipse, allgemein einem Kegelschnitt, sich befinden, so läßt sich *die Dupinsche Zyklide definieren als die Hüllfläche einer veränderlichen Kugel, die eine feste Kugel senkrecht schneidet und deren Mittelpunkt sich auf einem Kegelschnitt bewegt.* Diese Dupinschen Zykliden sind eine Sonderklasse der allgemeinen Zykliden, die folgende Begriffsbestimmung haben: *Eine Zyklide ist die Hüllfläche einer veränderlichen Kugel, die eine feste Kugel senkrecht schneidet und deren Mittelpunkt sich auf einer Fläche zweiten Grades bewegt.*

9. Die spirischen Linien des Perseus. Nachdem uns die Inversion den Zugang zu so vielen schönen Eigenschaften der Zyklide erschlossen hat, wollen wir zum Abschluß den Leser noch bekannt machen mit einer besonderen Kurvenart auf der Zyklidenfläche, die zwar nicht unmittelbar unserem Thema angehört, aber doch in enger Beziehung zu ihm steht, insofern sie schon früher in unseren Erörterungen über inverse Kurven auftauchte.

Was wir heute als Torus (Drehzyklide) bezeichnen, nannten die Alten eine *Spire* (σπεῖρα). Von Perseus, einem wenig bekannten Geometer der alexandrinischen Periode, wird berichtet, daß er die sog. spirischen Linien untersucht habe, die sich auf der Oberfläche der Drehzyklide bilden, wenn man diese durch eine zu ihrer Achse parallel laufende Ebene schneidet. Die durch den Radius d des rotierenden Kreises und seinen Mittelpunktsabstand c von der Achse gegebene Drehzyklide werde durch eine Ebene im Abstand e von der Drehachse geschnitten (Abb. 96). Wir können die hierbei sich bildende Kurve punktweise konstruieren, indem wir nach den Regeln des Grund- und Aufrißverfahrens die senkrechte Ebene mit dem konzentrischen Kreispaar zum Schnitt bringen, in dem eine Horizontalebene (deren wir beliebig viele annehmen können) den Körper durchdringt. Wir wollen die Gleichung der Schnittkurve aufstellen, indem wir sie auf ein rechtwinkliges Koordinatensystem, dessen Lage auf der senkrechten Schnittebene aus der Figur ersichtlich ist (O Anfangspunkt). Es bestehen die Gleichungen:

$$\varrho^2 = x^2 + e^2 \quad \text{(Grundriß)}$$
$$(c - \varrho)^2 = d^2 - y^2 \quad \text{(Aufriß)}.$$

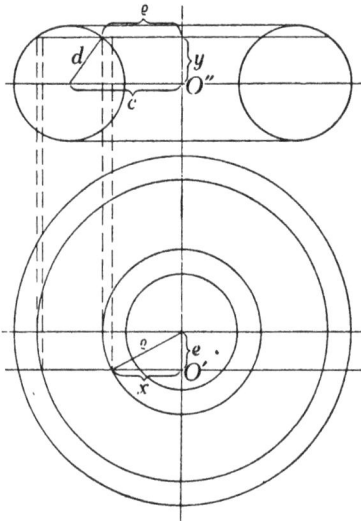

Abb. 96

Setzt man ρ aus der ersten in die zweite Gleichung ein, so ergibt sich

$$c^2 - 2\,c\,\sqrt{x^2 + e^2} + x^2 + e^2 = d^2 - y^2$$
$$4\,c^2\,(x^2 + e^2) = (x^2 + y^2 + c^2 + e^2 - d^2)^2.$$

Das wäre die Gleichung einer spirischen Linie in allgemeiner Lage. Lassen wir nun die senkrechte Schnittebene durch den Punkt gehen, in dem der rotierende Kreis der Achse am nächsten kommt, setzen also $e = c - d$, so folgt:

$$4\,c^2\,x^2 + 4\,c^2\,(c - d)^2 = (x^2 + y^2 + 2\,c^2 - 2\,c\,d)^2$$
$$= [x^2 + y^2 + 2\,c\,(c - d)]^2$$
$$= x^4 + y^4 + 4\,c^2\,(c - d)^2 + 2\,x^2\,y^2 +$$
$$+ 4\,c\,(c - d)\,x^2 + 4\,c\,(c - d)\,y^2$$
$$(x^2 + y^2)^2 = x^2\,[4\,c^2 - 4\,c\,(c - d)] - y^2 \cdot 4\,c\,(c - d)$$
$$= x^2 \cdot 4\,c\,d - y^2\,(4\,c^2 - 4\,c\,d).$$

Setzen wir zur Abkürzung $4\,c\,d = a^2$ und $4\,c^2 - 4\,c\,d = b^2$, so folgt:

$$\boxed{(x^2 + y^2)^2 = a^2\,x^2 - b^2\,y^2}.$$

Das ist die Gleichung einer *Boothschen Lemniskate*, wie wir sie S. 48 schon kennen lernten. Sie kann mit doppeltem Vorzeichen auftreten: Ist $4\,c^2 > 4\,c\,d$, $c > d$, d. h. hat die Drehzyklide keinen Doppelpunkt, so haben wir mit dem negativen Vorzeichen eine hyperbolische Lemniskate, die einer liegenden 8 ähnlich sieht: $(x^2 + y^2)^2 = a^2 x^2 - b^2 y^2$. Ist dagegen $c < d$, hat also die Zyklide zwei Doppelpunkte, so erhalten wir als Schnitt die elliptische Lemniskate (Abb. 61): $(x^2 + y^2)^2 = a^2 x^2 + b^2 y^2$, die eine geschlossene Kurve ohne Doppelpunkt ist. Ist $c = d$, so ergeben sich als Schnittfigur zwei Kreise. Ist $d = \dfrac{c}{2}$, also $a^2 = 2c^2$ und $b^2 = 2c^2$, so erhält man als Sonderfall der hyperbolischen Lemniskate (s. S. 49 ff.) die *Bernoullische Lemniskate*

$$\boxed{(x^2 + y^2)^2 = 2c^2(x^2 - y^2)}.$$

V. DIE DARSTELLUNG DER EUKLIDISCHEN UND DER BEIDEN NICHTEUKLIDISCHEN GEOMETRIEN IM KUGELGEBÜSCH

In der „Enzyklopädie der Elementar-Mathematik" von Weber und Wellstein versucht Wellstein seinen Lesern den Unterschied zwischen der Euklidischen und den beiden nichteuklidischen Geometrien, in denen bekanntlich das Parallelenaxiom nicht gilt, dadurch klarzumachen, daß er für diese drei Geometrien anschauliche Verwirklichungen erfindet, die das Gemeinsame und Trennende klar hervortreten lassen. Er betont zunächst den grundlegenden Gedanken, daß es auf das Aussehen der geometrischen Grundgebilde, wie Punkt, Gerade, Ebene, gar nicht ankomme. Man könne auf die mannigfachste Weise an Stelle der üblichen Punkte, Geraden und Ebenen andere, davon verschiedene Objekte setzen, die man als „Punkte", „Geraden", „Ebenen" bezeichne, und mit denen man sämtliche Sätze der Geometrie verwirklichen könne. Unter den angegebenen Beispielen ist folgendes für uns von besonderem Interesse. Man weist jeder der drei Geometrien eine besondere Art des Kugelgebüschs (elliptisch—parabolisch—hyperbolisch) zu und bezeichnet als „Scheinpunkt" ein inverses Punktepaar, als „Scheingerade" einen Kreis und als „Scheinebene" eine Kugel des betreffenden Gebüschs.

Beginnen wir mit der gewöhnlichen, der *Euklidischen Geometrie*. Ihr wird das parabolische Kugelgebüsch zugeordnet. Man nimmt im Raum R der gewöhnlichen Geometrie einen Punkt O an und versteht unter R' den Raum, der mit R alle Punkte *außer* O gemein hat. Wir definieren nun im Raum R' als „Scheingerade" und „Scheinebene" die Kreise und Kugeln des Raumes R, die dem parabolischen Kugelgebüsch mit dem Pol O angehören. „Scheinpunkte" sind wieder einzelne Punkte, da der Begriff des inversen Punktepaares im parabolischen Gebüsch keinen Sinn hat. Für diese Scheinpunkte, Scheingeraden und Scheinebenen gelten nun alle Sätze der ebenen Geometrie, wie etwa:

Zwei voneinander verschiedene Punkte A und B des Raumes R' bestimmen stets eine Scheingerade (da sich durch A, B und O stets ein Kreis legen läßt) — oder: Drei nicht auf derselben Scheingeraden liegende Punkte A, B, C bestimmen stets eine Scheinebene (Kugel durch A, B, C, O) — und so fort.

Von besonderem Interesse ist es, daß in dieser Scheingeometrie das Parallelenaxiom erfüllt ist. Als parallel wird man zwei Scheingeraden anzusprechen haben, die, als Gebilde (Kreise) des Euklidischen Raumes R betrachtet, sich in O berühren, denn diese Scheingeraden bestimmen eine Scheinebene

und haben in ihr keinen Punkt gemeinsam. Diese „Parallelen" haben alle
Eigenschaften der gewöhnlichen Parallelen, im besonderen genügen sie dem
eigentlichen Parallelenaxiom: Durch einen Punkt ist zu einer Geraden immer
nur *eine* Parallele möglich.

Wie hier nicht weiter auszuführen, läßt sich in dieser angedeuteten Weise
eine vollkommene Übereinstimmung der Scheingeometrie im Raum R' mit
der Euklidischen des Raumes R herstellen und es kann dadurch direkt bewiesen
werden, daß man ein Abbildungsverfahren angibt, das die „Scheingeraden"
und „Scheinebenen" des Raumes R' in „wirkliche" Geraden und Ebenen
des Raumes R überführt. Und diese Abbildung besteht in einer Inversion
mit dem Zentrum O und einer beliebigen Potenz $\pm r^2$. Alle Scheingeraden
und Scheinebenen des Raumes R' gehen dann in Geraden und Ebenen des
Raumes R über, und umgekehrt lassen sich alle Definitionen, Konstruktionen
und Lehrsätze des Euklidischen Raumes R auf die Scheingeometrie im parabolischen Kugelgebüsch übertragen: *Die Euklidische Geometrie samt ihrem
Parallelenaxiom ist in der Scheingeometrie des parabolischen Kugelgebüschs
verwirklicht.*

Gehen wir nun zum elliptischen und hyperbolischen Kugelgebüsch über und
verstehen also unter einem „Scheinpunkt" ein Punkte*paar* der Inversion
des Gebüschs, unter einer „Scheingeraden" einen Kreis und unter einer
„Scheinebene" eine Kugel des Gebüschs. Man erkennt, daß z. B. die beiden
oben angeführten Grundsätze auch für diese Geometrie gilt: Zwei Scheinpunkte bestimmen eine Scheingerade (denn die jenen zwei Scheinpunkten
entsprechenden zwei Punktepaare bestimmen einen Kreis, der schon durch
drei dieser Punkte festgelegt ist und wegen der Inversionsbeziehung auch
durch den vierten geht).

Drei Scheinpunkte, die nicht auf derselben Scheingeraden liegen, bestimmen
eine Scheinebene (denn drei Scheinpunkte, d. h. sechs Punkte, wären zwar
eigentlich zur Bestimmung einer Kugel, die durch vier Punkte bestimmt ist,
zu viel; auf Grund des Sehnensatzes muß sie aber auch durch die übrigen Punkte
gehen).

In dieser Weise läßt sich die Gültigkeit der Grundsätze, die der Euklidischen
Geometrie zugrunde liegen, auch für diese beiden Scheingeometrien im hyper-
bolischen bzw. elliptischen Kugelgebüsch nachweisen — *mit Ausnahme des
Parallelenaxioms.*

Wenn wir zum Parallelenaxiom Stellung nehmen, müssen wir das elliptische
vom hyperbolischen Gebüsch trennen. Im elliptischen Gebüsch schließen alle
Kreise und Kugeln das Potenzzentrum ein, alle Kugeln und alle Kreise auf
derselben Kugel müssen sich schneiden. Auf den entsprechenden „elliptischen Raum" übertragen heißt das: Je zwei Scheinebenen im elliptischen
Raum haben immer eine Scheingerade, je zwei Scheingeraden auf derselben
Scheinebene immer einen Scheinpunkt gemeinsam: *In der elliptischen Geometrie gilt demnach das Parallelenaxiom nicht. Zwei Geraden einer Ebene
schneiden sich immer.*

Und wie stehts damit im hyperbolischen Raum ? Wir stellen zunächst fest (s. S. 64): Die Orthogonalkugel des hyperbolischen Gebüschs schneidet wie jede Kugel so auch jeden Kreis des Gebüschs rechtwinklig. Berühren sich zwei Kugeln oder Kreise, so liegen die Berührungspunkte auf der Ortho gonalkugel und umgekehrt: Haben zwei Kreise einen Punkt auf der Ortho-

gonalkugel gemein, so berühren sie sich in diesem. Um von Parallelismus im hyperbolischen Gebüsch sprechen zu können, müssen wir eine Festsetzung — entsprechend der im parabolischen Gebüsch — treffen: Aus dem „hyperbolischen“ Raum soll die Fläche der Orthogonalkugel ausgeschlossen sein.

Abb. 97 stelle die Orthogonalkugel W, eine beliebige Gerade g und einen Scheinpunkt PP' dar. Dann kann ich durch PP' zwei Geraden t_1 und t_2 legen, die g (in A und B) berühren. Ich kann also durch einen Scheinpunkt PP'

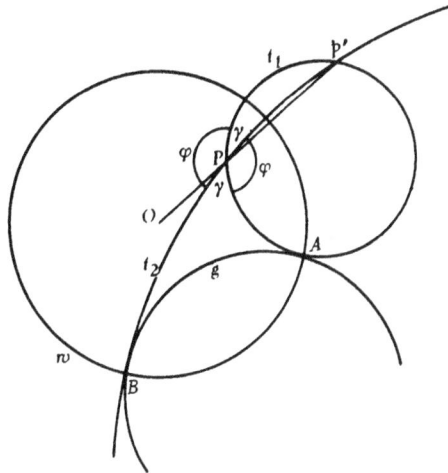

Abb. 97

zwei Scheinparallele zu einer Scheingeraden AB ziehen. Und weiter: Alle durch PP' und den Winkelraum γ laufenden Geraden schneiden g, alle Scheingeraden im Winkelraum φ treffen die Scheingerade AB überhaupt nicht. Von einer Erfüllung des Parallelenaxioms kann im hyperbolischen Raum keine Rede sein: *Man kann in der hyperbolischen Geometrie durch einen gegebenen Punkt zu einer gegebenen Geraden immer zwei Parallelen ziehen, und diese bestimmen zwei Scheitelwinkel φ, φ derart, daß alle in diesen Winkeln verlaufenden Geraden mit der gegebenen keine Schnittpunkte gemein haben.*

Mit diesen Andeutungen mag es sein Bewenden haben, zumal bei diesen an sich so interessanten Gedankengängen die eigentliche Inversion nur eine untergeordnete Rolle spielt.

C. ANWENDUNGEN DER INVERSION IN DER PHYSIK

I. STRÖMUNG DER ELEKTRIZITÄT IN EINER LEITENDEN PLATTE

Werden in den Punkten O und Q (s. Abb. 27, S. 24) einer ebenen Platte die beiden Enden einer Stromquelle angelegt, so strömt die Elektrizität zwischen diesen beiden Punkten auf Kreislinien. Diese Stromlinien erfüllen demnach einen elliptischen Kreisbüschel mit den Grundpunkten A und B (Büschel *II* in Abb. 27). Senkrecht zu den Stromlinien verlaufen die Niveaulinien, die

Linien gleichen Potentials. Sie werden also dargestellt durch den zu dem elliptischen konjugierten hyperbolischen Kreisbüschel (*1*) mit den Grenzpunkten C und Q.

II. THOMSONS ELEKTRISCHE BILDER

Die Behandlung der Aufgabe, die Verteilung der Elektrizität auf einem influenzierten Leiter zu finden, ist meist mit großen Schwierigkeiten verbunden. Eine der Methoden, die wenigstens in bestimmten Fällen entsprechende Aufgaben den Lösung zuführt, ist die „Methode der elektrischen Bilder" von W. Thomson (Lord Kelvin, 1845). Es handelt sich bei diesem Verfahren darum, mit Hilfe der inversen Abbildung aus bereits gelösten Beispielen neue abzuleiten, und zwar durch eine einfache mechanische Übertragung an Stelle umfangreicher Rechnungen. Einige Beispiele mögen das einzuschlagende Verfahren, soweit es im Rahmen dieser Schrift möglich ist, klarmachen.

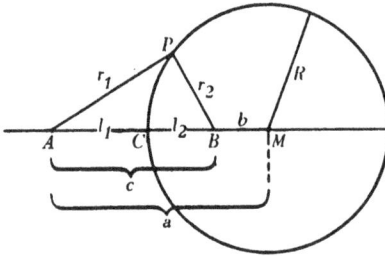

Abb. 98

Die Lösung der elektrischen Strömungsaufgabe, wie wir sie eben unter I gegeben hatten, läßt sich ohne weiteres von der Ebene auf eine andere Fläche übertragen. Voraussetzung ist nur, daß sich beide konform aufeinander abbilden lassen. Ist also z. B. das Strömungsbild auf der Oberfläche einer Zyklide zwischen zwei ihrer Punkte O und Q zu gewinnen, so bediene ich mich der bekannten Netzeinteilung der Zyklidenfläche, konstruiere das entsprechende Netz in der Ebene, übertrage in dieses die Bilder der Punkte O und Q und löse das Problem für die Ebene. Diese Zeichnung braucht dann nur wieder in das Zyklidennetz übertragen zu werden.

Vor dem Folgenden zunächst eine mathematische Aufgabe: Gegeben eine Strecke $AB = C$. Gesucht der Ort aller Punkte P, deren Abstände r_1 und r_2 von A und B das konstante Verhältnis $\frac{r_2}{r_1} = k$ haben. Der analytische Ansatz liefert als geometrischen Ort (Abb. 98) einen Kreis um einen auf AB bzw. seiner Verlängerung gelegenen Punkt M, dessen Abstände

$$a = \frac{c}{1-k^2} \text{ von } A \text{ und } b = \frac{ck^2}{1-k^2} \text{ von } B \text{ und dessen Radius } R = \frac{ck}{1-k^2} = ka \text{ ist.}$$

Da $ab = \frac{c^2 k^2}{(1-k^2)^2} = R^2$ ist, sind A und B bezüglich dieses Kreises zueinander invers. Ins Räumliche übertragen: A und B sind zu der Kugel M mit dem Radius R invers.

Betrachten wir nun zwei Punktladungen e_1 und e_2 in A und B von entgegengesetzter Ladung, dann ist in jedem Punkt des Raumes das Potential

$$\varphi = \frac{e_1}{r_1} + \frac{e_2}{r_2}.$$

Da die beiden Ladungen entgegengesetztes Vorzeichen haben, gibt es eine Niveaufläche, für die $\varphi = 0$ ist und für die die Gleichung gilt:

$$\frac{e_1}{r_1} + \frac{e_2}{r_2} = 0 \text{ oder}$$

$$\frac{r_2}{r_1} = -\frac{e_2}{e_1} = \text{const} = k.$$

Diese Fläche ist aber, wie wir eben sahen, eine Kugel um M, derart, daß $R = k\,a$. Es ist $ab = R^2$, $b^2 = \dfrac{h^2}{a}$ und $e_2 = e_1 k = -\dfrac{e_1 R}{a}$. Stellen wir uns nun die Aufgabe, die Influenz einer Punktladung C_1 in A auf eine zur Erde abgeleitete Kugel M in der Mittelpunktsentfernung a und mit dem Radius R zu bestimmen, so können wir statt dessen, da die zur Erde abgeleitete Kugel das Potential $\varphi = 0$ hat, an Stelle der Kugel die fingierte Ladung $e_2 = \dfrac{-e_1 R}{a}$ in der Entfernung $b = \dfrac{R^2}{a}$ von M setzen. Thomson nennt diese fingierte Ladung e_2 in B, die in ihrer Wirkung nach außen die auf der Kugeloberfläche influenzierte wirkliche Ladung ersetzt, das elektrische Bild von e_1. Damit ist das Verteilungsproblem für die Kugel zurückgeführt auf die einfachere Aufgabe, die Kraftlinien zwischen zwei Punktladungen e_1 und e_2 zu zeichnen und deren Einwirkung auf die verschiedenen Punkte der Kugel festzulegen.

Wie wir in diesem Beispiel einen Punkt A mit der Ladung e_1 in einen anderen Punkt B mit der Ladung $e_2 = \dfrac{-e_1 R}{a}$ abgebildet haben, so lassen sich, wie hier nicht näher ausgeführt werden kann, auch Linienelemente, Flächen- und Körperelemente mit ihren Dichten und Potentialwerten durch inverse Transformation in andere Linien-, Flächen- und Körperelemente mit entsprechenden fingierten Dichte- und Potentialwerten abbilden. Damit erfährt die Methode eine Ausweitung, die die weitreichendsten Schlüsse ermöglicht.

Führe ich $AC = l_1$ und $BC = l_2$ ein, so folgt aus $b = \dfrac{R^2}{a}$:

$$R - l_2 = \frac{R^2}{R + l_1}; \quad l_2 = l_1 \frac{R}{R + l_1}$$

und aus

$$e_2 = -\frac{e_1 R}{a} \text{ folgt } e_2 = -e_1 \frac{R}{R + l_1}.$$

Wird nun $R = \infty$, geht also die Kugel in eine Ebene über, so wird hiernach $l_2 = l_1$ und $e_2 = -e_1$. Das elektrische Bild ist dann identisch mit dem optischen Bild am ebenen Spiegel. Dazu liege folgende Aufgabe vor:

In der Mitte zwischen zwei unbegrenzten Parallelebenen $\mathfrak{E}_0$ und $\mathfrak{E}_1$ befinde sich ein Punkt P_1 mit der Ladung $+ e$. Dieser rufe auf jeder der leitenden Ebenen Influenz hervor, die beiden negativen Elektrizitäten aber beeinflussen sich gegenseitig. Die elektrische Dichte für beliebig liegende Punkte der beiden Ebenen soll untersucht werden.

Man spiegele (Abb. 99) P_1 und $\mathfrak{E}_1$ an $\mathfrak{E}_0$, wodurch sich P_1 mit der Ladung

— e und die Ebene $\mathfrak{E}_{-1}$ ergibt. Das Ganze spiegele man weiter an $\mathfrak{E}_1$, das so Erhaltene wieder an $\mathfrak{E}_0$ usf. Man erhält so auf AB unendlich viele Punkte in den gleichen Abständen $2\,l$ mit den wechselnden Ladungen $+e$, $-e$ und den dazwischen liegenden Ebe-

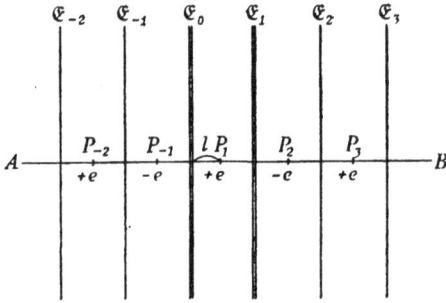

nen. Die Lösung des Problems liegt nun darin, daß man die durch die Ladungen in den Punkten $P_{-1}, P_{-2}\cdots$, P_2, $P_3 \ldots$ auf den Ebenen $\mathfrak{E}_0$ und $\mathfrak{E}_1$ hervorgerufenen Ladungen und Dichten addiert. Man erhält so eine unendliche, schnell konvergierende Reihe, deren Summe zu bilden ist. Statt P_1 mit $\mathfrak{E}_0$ und $\mathfrak{E}_1$ an $\mathfrak{E}_0$ und $\mathfrak{E}_1$ zu spiegeln, kann ich diese drei Elemente auch invers durch eine beliebige Kugel abbilden. Nehme ich

Abb. 99

z. B. das Inversionszentrum auf der Halbierungsebene von $\mathfrak{E}_0$ und $\mathfrak{E}_1$, so werden $\mathfrak{E}_0$ und $\mathfrak{E}_1$ zu zwei sich berührenden gleich großen Kugeln (Abb. 100). Das Problem, die Influenzwirkung der Punktladung $+e$ in P_1 auf diese beiden Kugeln zu untersuchen, löst sich nun auf die Weise, daß ich die Ladungen und Dichten, wie ich sie in der vorigen Aufgabe für $\mathfrak{E}_0$ und $\mathfrak{E}_1$ erhalten habe, invers auf diese beiden Kugeln abbilde. Oder man könnte den Pol O irgendwo auf AB annehmen und als Inversionsradius die Entfernung OP_1 wählen, wodurch sich $\mathfrak{E}_0$ und $\mathfrak{E}_1$ in zwei sich in O von innen berührende Kugeln $\mathfrak{E}_0{}'$ und $\mathfrak{E}_1{}'$ transformierten (Abb. 101); P_1 bliebe unverändert. Inverse Übertragung löst dann die Aufgabe, die Influenzwirkung der Punktladung in P_1 auf die Kugeln $\mathfrak{E}_0{}'$ und $\mathfrak{E}_1{}'$ zu ermitteln.

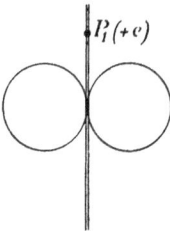

Abb. 100

Ein letztes Beispiel! Für die Theorie der *Coulombschen Drehwaage* ist der Fall zweier gleich großer, gleich oder entgegengesetzt geladener Kugeln wichtig; infolge ihrer gegenseitigen Einwirkung sind ihre Ladungen nicht mehr gleichmäßig verteilt, sondern bei gleichem Vorzeichen nach außen, bei ungleichem nach innen zusammengedrängt. Die Lösung des Verteilungsproblems mittels elektrischer Bilder geschieht derart, daß man sich zunächst die Ladung der einen Kugel im Mittelpunkt konzentriert denkt und ihr Bild in der anderen Kugel bestimmt. Dieses Bild sowie die wahre, zunächst auch im Mittelpunkt konzentriert gedachte Ladung der zweiten Kugel erzeugen dann wieder Bilder in der ersten Kugel usf. Man erhält schließlich eine unendliche Reihe elektrischer Bilder in jeder Kugel, die zusammen im Außenraum die wirklichen Ladungen ersetzen. Die Ladungen der Bilder stellen eine konvergente Reihe

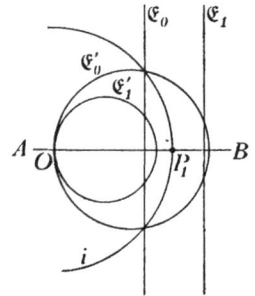

Abb. 101

dar, so daß sie eine Summe gleich der wirklichen Ladung ergeben·
Die Anziehung oder Abstoßung der Kugeln ist gleich derjenigen, die
sämtliche Bilder aufeinander ausüben. Die Ergebnisse der ziemlich kom-
plizierten Rechnung hat Thomson in einer Tabelle niedergelegt. Als
Beispiel diene die Angabe, daß für zwei Kugeln vom Radius R und dem
Mittelpunktsabstand $4\,R$ die gegenseitige Abstoßung nicht einfach wie nach
dem Coulombschen Gesetz bei punktförmiger Ladung $\dfrac{e^2}{16\,h^2} = \dfrac{0{,}0625\,e^2}{R^2}$,
sondern $\dfrac{0{,}0585\,e^2}{R^2}$ beträgt. Die Abweichung vom einfachen Coulombschen
Gesetz ist also ziemlich gering. (Beispiel entnommen aus Müller-Pouillet IV,
1, S. 251).

III. STROMDIAGRAMM BEI VERÄNDERLICHEM OHMSCHEN WIDERSTAND

Zum Schluß ein — im Gegensatz zu Thomsons elektrischen Bildern — leicht ver-
ständliches Beispiel, das zeigt, wie die Inversion eine überraschend einfache praktische Verwendung bei einer Aufgabe der Wechselstromtechnik gefunden hat.

Eine Wechselstromzentrale versorge eine Stadt mit Licht. In dem Stromkreis
sind dann die Spannung U und der in den Generatoren und Transformatoren
verkörperte induktive Widerstand r_1
als konstant, der von den Lampen her-
vorgerufene Widerstand r_2 und damit
die Gesamtstromstärke J als veränderlich anzusehen, insofern die Zahl der
eingeschalteten Lampen mehr oder we-
niger groß ist. Nach dem Ohmschen
Gesetz ist $J = \dfrac{U}{R} = \dfrac{U}{\sqrt{r_1^2 + r_2^2}}$.

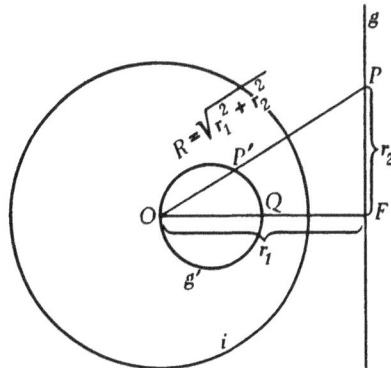

Abb. 102

Um eine bequeme Übersicht über den
Wechsel der Stromstärke zu erhalten,
zeichnen wir (Abb. 102) einen Kreis
mit dem Radius $\sqrt{U}$, nehmen im Ab-
stand r_1 von O einen Punkt F an und ziehen durch F senkrecht zu OF eine
Gerade g. Tragen wir nun auf g von F aus $FP = r_2$ ab, so stellt die Strecke
$OP = \sqrt{r_1^2 + r_2^2}$ den Gesamtwiderstand R dar. Jetzt invertieren wir die
Gerade g an dem Kreis O. Sie verwandelt sich in einen Kreis g' durch O,
und jeder Punkt P der Geraden in einen Punkt P' des Kreises. Nun ist
$$OP' \cdot OP = (\sqrt{U})^2; \quad OP' = \frac{U}{OP} = \frac{U}{\sqrt{r_1^2 + r_2^2}} = J;\quad OP' \text{ stellt mir also die}$$
zu dem veränderlichen Widerstand r_2 gehörende Stromstärke dar. Man er-
kennt, wie die Stromstärke von ihrem größten Wert ab, den OQ darstellt
$\left(J = \dfrac{U}{r_1}\right)$, mit wachsendem r_2 immer kleiner wird. (Nach Dörrie in Heft IX
des math. Unterrichtswerks von Kambly-Thaer.)